澳门特别行政区科学技术发展基金
国家外国专家项目高端外国专家引进计划　资助出版
深圳市协同创新科技计划国际科技合作项目

智能交互设计

U0150189

智能座舱之车载机器人
交互设计与开发

韩子天　　王建民　　刘子鸽　编著

电子工业出版社

Publishing House of Electronics Industry

北京 · BEIJING

内 容 简 介

车载机器人在智能座舱中扮演着越来越重要的角色，本书是一本关于车载机器人交互设计与开发的专业书籍。全书总结了车载机器人的发展历史，对业界已发布的实体和虚拟车载机器人产品进行了较全面的分析，围绕车载机器人定义和新技术、情感表达、语音交互、测试平台的相关技术进行陈述，聚焦车载机器人的拟人化人机交互实现，重点研究分析其定义、软件、硬件、动作、算法、场景、功能评测等关键技术，分享了众多用户调研、分析评估以及测试验证的实际案例数据。本书提供了基于实际研发项目整理的 DV/PV 测试方法及接受标准，读者可登录华信教育资源网（http://www.hxedu.com.cn）免费获取参考。

本书能够为国内相关车企、机器人研发企业、设计单位、高校等从事车载机器人设计、开发和市场应用的人员，提供理论和发展态势的参考和标准。

图书在版编目（CIP）数据

智能座舱之车载机器人交互设计与开发/韩子天等编著. —北京：电子工业出版社，2023.8
（智能交互设计）
ISBN 978-7-121-46182-8

Ⅰ. ①智… Ⅱ. ①韩… Ⅲ. ①智能机器人－交互技术－研究 Ⅳ. ①TP242.6

中国国家版本馆 CIP 数据核字（2023）第 157296 号

责任编辑：曲　昕
印　　刷：三河市龙林印务有限公司
装　　订：三河市龙林印务有限公司
出版发行：电子工业出版社
　　　　　北京市海淀区万寿路 173 信箱　　邮编：100036
开　　本：787×980　　1/16　　印张：8.5　　字数：136 千字
版　　次：2023 年 8 月第 1 版
印　　次：2023 年 8 月第 1 次印刷
定　　价：88.00 元

凡所购买电子工业出版社图书有缺损问题，请向购买书店调换。若书店售缺，请与本社发行部联系，联系及邮购电话：（010）88254888，88258888。
质量投诉请发邮件至 zlts@phei.com.cn，盗版侵权举报请发邮件至 dbqq@phei.com.cn。
本书咨询联系方式：（010）88254468，quxin@phei.com.cn。

机器人技术已经越来越多地被应用到新兴领域。机器人传统的概念是机器，代替人做人不愿意做的事情。AI 新技术的出现和发展，不断扩展着机器人的功能，帮助人克服环境、距离、尺度等因素带来的交互困难。

汽车的"智能化"趋势势不可当，其中智能座舱已然成为工业界炙手可热的赛道。汽车座舱作为一个独立封闭的空间，其特殊性为机器人的应用提供了丰富的土壤。车载机器人是一种集成在汽车座舱内的智能交互设备，随着人工智能技术的不断发展和汽车行业的深度变革，车载机器人正逐渐成为一个新兴的研究领域和产业方向，为机器人的应用开辟了新的境地。我对于《智能座舱之车载机器人交互设计与开发》的出版感到十分欣喜，这本书正是聚焦于这一充满创新性和巨大市场潜力的领域。

本书精心呈现了车载机器人的研发与交互设计的全貌，从多个角度对车载机器人进行了系统的介绍和分析，包括定义和内涵、现状和案例、关键技术和系统架构、用户调研和情感设计、场景行为和交互模式、验证测试和综合评估等内容，既有理论上的探索和总结，也有实践上的经验和方法。本书的内容结合了多个真实的项目案例，展示了车载机器人在不同场景下的应用效果和用户反馈，为读者提供了丰富的参考资料和启发思路。本书适合从事智能座舱及车载机器人相关研究、开发和设计的专业人员阅读，也适合对车载机器人感兴趣的广大读者阅读。

车载机器人的研究作为人机交互领域的一个重要部分，不仅仅是技术的探索，更是对于未来出行和人机关系的一次思辨。本书所呈现的实例与前瞻性研究，将为该领域的学术研究和实践探索进一步指明前行的方向。我相信，本书将为学术界和产业界提供宝贵的智慧，为车载机器人领域的未来发展提供重要参考。愿本书为读者带来新的启示，引领智能座舱与车载机器人领域的璀璨未来，也祝愿车载机器人领域能够不断取得新的进展和突破。

席　宁　讲席教授

香港大学

2023 年 8 月

2015—2022 年，服务机器人产业经历了场景摸索阶段，在技术局限和实际投资成效的双重压力下，对不同机器人服务场景创新进行了大浪淘沙。不少场景的机器人得以生存与持续发展，其中包括物流机器人、银行客服机器人、园区安防机器人、送餐机器人、车载机器人等。

车载机器人的出现丰富了机器人的实际应用场景，由于汽车座舱是独立封闭空间，语音交互效果较佳。车载机器人的任务明确，提升了人车的交互体验，提高了智能座舱的整体智能化水平。

车载机器人属于 HRI（人–机器人交互）领域，越来越受到产学研界的重视，已经实现上车的车载机器人案例给学术界和工业界带来很多启发，未来在拟人化、自主交互、无人驾驶座舱的新交互方式等方面都值得开展前瞻性研究。

车载机器人在智能座舱中扮演着越来越重要的角色，本书共 7 章，围绕车载机器人的定义和新技术、情感表达、语音交互、测试平台的相关技术进行陈述，主要探讨车载机器人在交互设计和开发领域的最新发展，以及关键技术和应用，通过案例场景深入探讨车载机器人设计开发中的调研、评估、测试、验证等内容，分享了众多用户调研、分析评估及测试验证的实际案例数据。

第 1 章对车载机器人的定义与内涵进行了探讨。该部分由韩子天、王建民共同撰写。

第 2 章详细介绍了当前车载机器人的现状，包括实体机器人、虚拟车载助手，并给出了多个案例。该部分主要由韩子天、刘子鸽共同撰写。

第 3 章重点讨论了车载机器人的关键技术，包括人工智能芯片、显示模块、语音识别方案和视觉处理模块等，以及系统架构和应用层软件。该部分主要由韩子天、刘子鸽、李锐明撰写，刘瑞斌基于实际开发经验协助校对，北京爱数智慧科技有限公司提供了重要的素材。

第 4 章涉及用户调研的内容，探讨驾驶员对实体形态车载机器人的偏好和情感特点，以及对功能场景的调研结果和结论。该部分主要由王建民撰写，刘雨佳协助校对。

第 5 章介绍了人–机器人交互（HRI）的概念和场景行为定义，并详细描述了场景行为引擎和典型场景行为分类。该部分主要由韩子天、刘子鸽撰写，中科创达软件股份有限公司提供了重要的素材。

第 6 章针对机器人的验证测试和综合测评展开讨论。该部分主要由王建民撰写，其团队成员刘雨佳协助校对，李锐明负责该章的 DV/PV 测试介绍。

第 7 章对车载机器人的未来发展趋势进行了总结和展望，由韩子天撰写。

本书提供了基于实际研发项目整理的 DV/PV 测试方法及接受标准，该部分由李锐明完成，读者可登录华信教育资源网（http://www.hxedu.com.cn）免费获取参考。

特别鸣谢澳门特别行政区科学技术发展基金（FDCT）对本项目的资助（资助编号为 0014/2018/AIR），以及国家外国专家项目高端外国专家引进计划、深圳市协同创新科技计划国际科技合作项目的资助出版。同时，也要感谢所有为本书出版做出贡献的同行、编辑和技术团队，希望本书能够为读者提供有价值的信息，推动车载机器人在汽车智能座舱中的进一步发展。

目录

CHAPTER 03

车载机器人关键技术

CHAPTER 04

用户调研

CHAPTER 05

HRI 场景行为

CHAPTER 06

机器人验证测试与综合测评

CHAPTER 07

未来发展趋势展望

01 车载机器人定义与内涵

1.1 发展简史

2009 年，美国麻省理工学院与德国大众合作开发了世界上第一款车载机器人——AIDA（Affective Intelligent Driver Agent，情感智能驾驶代理），AIDA 是一款社交机器人，安装在中控仪表盘上，其行为如一位友好的助理，向驾驶员提供驾驶辅助信息和提示。令人遗憾的是，AIDA 并未上车量产。

2013 年，东京大学和丰田实验室合作开发了一款名为 Kirobo 的车载机器人，Kirobo 并非嵌入到座舱内，而是以便携的方式独立于汽车，它能够通过内置摄像头和传感器检测驾驶员状况，据此给出合适的驾驶建议并与驾驶员交互。

2017 年，蔚来汽车推出了中国第一款量产型的车载机器人 NOMI，其被搭载在蔚来 ES8 及 ES6 系列车型上，球体造型嵌于中控台中央，具有 2 个自由度，可以做出各种有趣的表情和动作。随后在 2019 年及 2020 年，中国的合众汽车和广汽蔚来合创 007 分别在新推车型上搭载了车载机器人"小 YOU"和"小 CAN"，车载机器人开始更加广泛地进入公众视野。还有许多的汽车厂商在其车型上搭载虚拟形象的车载机器人，比如理想 ONE 的"理想同学"、小鹏汽车的"小 P"、奔腾 T77 的"YOMI"等。美国汽车市场虽然没有在车上直接采用车载机器人,但是有不少类似的智能语音部件,例如 Amazon Alexa Auto,AppleCar Play 等。中国品牌智能汽车车载机器人以及车载智能网联系统近几年发展迅速,如在车载机器人硬件实体方面,蔚来汽车的"NOMI"、合众的"小 YOU"、百度的"小度机器人"、安信通的前装车载机器人等都已经在实际前装配件商业化项目中落地,众多大型车企也在积极布局车载机器人终端的实车发布。

自 2009 年发布 AIDA 机器人至今,车载机器人越发广泛地应用到商业领域,且有形态多样化、功能丰富化、技术成熟化的趋势。越来越多互联网汽车厂商开始选择在车内放置实体或虚拟形象的车载机器人,为驾驶员提供与其双目相投的伙伴,增强语音沟通的效率。本书将会挑选几款典型的车载机器人形象,并分为实体机器人与虚拟车载助手两种类型进行介绍。

车载机器人发展历程示意图如图 1-1 所示。

图 1-1　车载机器人发展历程示意图

1.2　定义与特征

车载机器人是运用于车载智能座舱场景的一种服务机器人,属于社交机器人、个人交互机器人,主要提供驾驶辅助信息、提升人机交互能力,具有拟人化以及一定程度自主交互的能力。主要搭载的 AI 技术包括：视觉、语音、前端智能等，用于模仿和重复人类的一些行为，提升整体驾驶和乘车体验。通过机器人作为主要交互接口，摆脱交互的设备感和指令感，更拟人和更自然，从人-机交互（HMI）向人-机器人交互（Human Robotics Interaction，HRI）进化。

HMI 技术是将人与机器之间的互动转化为交互界面和行为的科技。随着技术的不断发展，HMI 正从单纯的人-机交互进化为人-机器人交互，其中融入了人体生物特征识别、场景识别和人工智能技术。虽然该行业技术刚刚起步，但国内外许多主机厂纷纷投身其中，致力于开发语音识别控制、显示界面个性化定制等技术，并与智能网联技术结合，开发基于云端信息的驾驶人身份识别技术、场景识别技术。这将进一步实现人机操作界面的个性化定制，以及车载机器人的人-机器人交互进化。

目前市场上虽有少量符合人-机器人交互进化定义的产品，但在新一代个性化人机交互技术的开发方面还有待突破。智能车载机器人的设计应以"车内智能化、情感化、个性化的交互体验"为概念。机器人实体应通过语音识别、人脸识别、车内环境和车辆状态感知等技术，进行用户、驾驶员及外部环境三个维度的感知场景分析，最终实现机器人行为管理，包括表情、姿态、声调、态度及行为节奏等多模互动，以及生态类功能。通过不断的技术创新，智能车载机器人将成为未来人-机器人交互的重要组成部分，为人类提供更加便捷、智能、个性化的出行体验。

研究和应用车载机器人技术可以带来许多价值：

（1）车载机器人的引入可以增加汽车产品的附加值，提高车辆的智能化和个性化水平。

（2）车载机器人技术可以全面提升用户体验，满足用户个性化和情感化需求。通过语音识别、人脸识别、车内环境和车辆状态感知等技术，车载机器人可以实现个性化的交互体验，进一步提高用户对汽车产品的认可度和忠诚度。

（3）车载机器人技术可以承载车载场景下的海量互联网应用的聚合，为驾驶员带来更丰富便利的应用生态服务，同时也为应用服务带来可观的流量。

（4）车载机器人技术可以解放人的双手，全语音操控，让驾驶员的注意力集中于路面行驶，提升驾驶安全性。这将帮助减少驾驶员的疲劳和分心，提高驾驶的舒适性和安全性，降低交通事故的发生率，同时也有助于提高驾驶员的驾驶技能和驾驶体验。

车载机器人技术的研究和应用将为汽车产业带来新的商业机会和效益增长点，同时也能提高用户体验和驾驶安全性，进一步推动智能化和个性化汽车的发展。

1.3 适合车载机器人的功能

在自动驾驶全面到来之前，驾驶员仍需要将核心注意力放在"驾驶"上，不允许进行"沉浸式"人车交互。车载机器人可以主动帮助或代替驾驶员完成驾驶过程中的一些非驾驶操控性动作，减少驾驶员视线转移频率、信息处理量，实现精准服务，辅助行车安全。车载机器人适合做以下几大类功能。

（1）车控车设类功能：基于用户的语音、手势等多模态交互控制指令，代替用户操控车内设施，例如多媒体车机、车窗、天窗、空调等的调整控制，并且帮助用户快速找到需要的功能入口，例如多媒体音乐的搜索播放等。

（2）基本问答类功能：利用智能语音系统，实现闲聊、用车指南等知识性语音问答互动功能。

（3）情感交互类功能：车载机器人具有动作、表情、语音相结合的多模态情感表达能力，可以与用户进行拟人化情感交互，例如迎送宾问候、节日提醒、日程提醒、驾驶安全提醒、车况提醒等，成为一名具有情感交互能力的出行伙伴。

（4）扩展类功能：利用车载机器人中枢位置部署及多方向运动能力的优势，集成多样化的视觉图像功能，例如人脸识别、手势识别、拍照、DMS、行车记录仪记录、车内监控等。这些功能可以使车载机器人更加智能化、便利化，并为用户提供更加全面、安全的出行服务。

总体来说，车载机器人的出现可以提升用户体验、满足用户个性化和情感化需求，为用户带来更丰富便利的应用生态服务，同时也为应用服务带来可观的流量。车载机器人的功能多样化，可以为用户提供更加全面、安全的出行服务，也能解放驾驶员的双手，提升驾驶安全性。

1.4 虚拟机器人及其他形态

相比于实体机器人，当前虚拟机器人主要表现为在车载中控屏上出现的虚拟人物或卡通角色（Avatar）形式。这种虚拟机器人主要基于智能语音系统，结合2D 或 3D 的虚拟形态和动态形象，实现与车内用户的对话互动。虚拟机器人基于成熟的自然语言处理和语义理解技术，整合语音识别和语音合成技术，融合动态的 UI 形象，可以快速部署到各种设备上。相比于实体机器人，虚拟机器人省去了终端硬件开发、部署的周期和成本，并且可以直接呈现在传统的车机屏幕上，因此许多汽车厂选择虚拟机器人作为智能交互产品。当前车载虚拟机器人的形态大致可分为以下三类：

（1）将虚拟形象直接嵌入车机屏幕中，可以在屏幕内其他界面上浮动或隐藏，如小鹏汽车的"小 P"。

（2）在车机屏幕上专门分出一块区域，部署车载虚拟机器人的动态形象，如理想汽车的"理想同学"。

（3）通过全息投影等虚拟成像技术，将车载虚拟机器人的动态形象展示在固定的装置内，如奔腾 T77 的"YOMI"。

在当前阶段，虚拟机器人主要表现为车载虚拟机器人，可以通过车机屏幕呈现出 2D 或 3D 形态的虚拟人物或卡通角色。这些虚拟机器人通过智能语音系统，实现与车内用户的对话互动，可以帮助用户完成多种任务，如调整车内设施、播放音乐、回答问题等。虚拟机器人的优点在于不需要额外的硬件设备支持，可快速部署到各种设备上，也可在传统的车机屏幕上直接呈现。然而，相比实体机器人，虚拟机器人缺少了有形、可接触的实体部件，难以实现真正的拟人化和可接触的交互体验，难以与驾乘人员形成较强的互动关系。因此，在未来的发展过程中，随着实体价值的挖掘和体现，虚拟机器人可以向实体机器人方向转化和演进，加入更多的实体交互部件，使用户可以更加真实地与虚拟机器人进行互动。

CHAPTER 02 车载机器人现状

2.1 实体车载机器人

实体车载机器人，在本书中指在汽车空间内有具体位置和造型的机器人实体产品。这些机器人通常具有自己的形态、表情，位于仪表台中央且占据一定的车内空间，通过表情、语音、肢体动作与用户进行交流，与中控屏联动为用户提供服务。

本书将具体介绍 6 款典型的实体车载机器人，包括美国麻省理工学院和德国大众合作开发的情感智能驾驶代理"AIDA"、东京大学和丰田实验室研发的陪伴型机器人"Kirobo"、蔚来 ES8 搭载的车载机器人"NOMI"、合众汽车搭载的车载智能机器人"小 YOU"、广汽蔚来合创 007 搭载的车载机器人"小 CAN"，以及安信通研发的前装车载机器人。

2.1.1 麻省理工学院与德国大众合作开发的"AIDA"

2009 年，美国麻省理工学院与德国大众合作开发了世界第一款车载机器人"AIDA"，如图 2-1 所示。"AIDA"是一款社交机器人，可以作为友好的车载伴侣，可以提供智能导航、免提访问消息和会议等服务,结合手机可在车内外使用。"AIDA"能够更好地满足用户的社交需求。

图 2-1　车载机器人"AIDA"(图片来源:MIT SENSEable City Lab 官网)

　　"AIDA"整体为一个嵌入仪表盘的小型机器人,由五自由度的头部和颈部组成;头部造型为方形,边角较为圆润。当唤醒机器人时,机器人头部会从仪表盘伸出。机器人的面部表情由可以变形的圆圈和每只眼下的六个小点共十二个小点组成,共有平常状态、开心、悲伤、惊讶、无聊、警告、迷惑七种表情。"AIDA"是一款早期的实验室研发型机器人,虽然在功能与技术上并不十分完备与成熟,但其许多功能具有创新性,为今后车载机器人的设计与发展提供了重要的借鉴意义。首先，"AIDA"采用嵌入式设计，具有高自由度的结构，肢体动作更为灵活，同时不会占据过大的空间和影响驾驶员视线。其次，"AIDA"拥有智能化的属性，可以对驾驶员平时的驾驶路线进行学习和记忆，并在下次驾驶时提供目的地提醒和推荐，为用户带来惊喜体验。最后，"AIDA"具有情感属性和社交属性，可以侦测驾驶员的表情，并作出相应反应和表情。

"AIDA"的推出为车载机器人的发展提供了先驱性的实践经验和宝贵的技术借鉴，对此后车载机器人的发展具有重要的推动作用。

2.1.2 东京大学与丰田合作开发的"Kirobo"

车载机器人"Kirobo"如图 2-2 所示。

图 2-2 车载机器人"Kirobo"

2013 年，东京大学与丰田实验室合作开发了车载机器人"Kirobo"，丰田之后将其商品化作为汽车智能配件。"Kirobo"造型小巧，可以放到车内的杯托之中，而且外形讨喜，非常可爱，能够通过内置摄像头和传感器检测驾驶员状况，据此给出合适的驾驶建议或者调节驾驶员情绪。

据了解，"Kirobo"的姿态为坐姿，坐高约 10 厘米，质量约 200 克，方便随身携带。在肢体表达方面，它的头和手臂能较为灵活地转动，可表达自身情绪，引起用户的注意，且可以识别声源的位置，把头转向用户。外观方面，它的眼睛和嘴巴在做出动作或发出声音时会发光，给予一定视觉上的刺激。

"Kirobo"能够提供基本的车辆信息和导航服务，还可以和驾驶员进行有趣的对话，以此缓解驾驶员在长途驾驶中的孤独感和疲劳感。"Kirobo"主要通过蓝牙与带有控制系统 App 的智能手机进行连接，以实现丰富的动作和与人对话的功能。它可以通过身体中搭载的摄像头识别对方的面部表情，一边推测对方的心情，一边与之进行相关的对话。"Kirobo"外形独特，借鉴阿童木的造型近似年轻人喜爱的小型玩具，头部、四肢皆可运动，因而肢体动作非常丰富，产品特色也非常鲜明。

2.1.3 蔚来汽车开发的"NOMI"

车载机器人"NOMI"如图 2-3 所示。

图 2-3　车载机器人"NOMI"

"NOMI"是蔚来汽车 ES8 与 ES6 系列搭载的一款车载机器人，集成了语音交互系统和智能情感引擎。"NOMI"是英文"Know Me"的谐音，代表了蔚来汽车品牌对车内智能交互体验的追求，它于 2017 年随 ES8 系列上市，是全球首个量产上车的车载机器人。"NOMI"的整体造型为球形实体，嵌在中控台中央，配备车内全圆AMOLED 屏幕，主体在水平方向 100°、垂直方向 30°的范围内可旋转。椭圆形"眼睛"可以旋转和眨眼，实现声源定位追踪用户行为。"NOMI"的动态表情包括歪头、左顾右盼等有趣的动态，符合驾驶场景。

作为全球第一款量产的车载机器人，"NOMI"创造了一种全新的人车交互方式，让车从一个机器变成一个有情感的伙伴。"NOMI"可响应车上大部分功能场景，包括车机硬件控制、与中控屏幕联动的导航、多媒体播放、拍照和通信等功能。

"NOMI"在蔚来汽车的智能座舱设计中扮演核心角色，与其他大部分车企的以屏幕为中心的设计思路有所不同。随着与车内各种传感器的深度结合，利用视觉、听觉、触觉等多模态方式进行感知和交互，车载机器人有望成为车内人机交互的核心入口。

2.1.4 合众的"小 YOU"

2018 年，合众汽车发布了"小 YOU"智能机器人，如图 2-4 所示。"小 YOU"搭载在合众 U 系列车型上，是一款类似蔚来"NOMI"的车载机器人。

图 2-4　车载机器人"小 YOU"（图片来源：facecar 官网 http://www.facecar.org）

据了解,"小 YOU"能够实现语音声源定位、主动对话、表情互动以及人脸识别等功能,可以进行疲劳监测、多账号之间的切换和语音控制,并具有 OTA 升级功能。

2.1.5 广汽蔚来合创 007 的"小 CAN"

车载机器人"小 CAN"如图 2-5 所示。

2020 年 2 月 25 日,广汽蔚来官方发布了车载语音助手,这款车载语音小助手的名字为"小 CAN",搭载于广汽蔚来首款车型 HYCAN 007 上。

图 2-5 车载机器人"小 CAN"

据了解,"小 CAN"的尺寸为 2 英寸,目前已拥有 30 多种表情,并且根据官方介绍,还有 100 多种表情正在开发中。另外,用户还可以通过手机 App 成为"小CAN"的训练师,帮助"小 CAN"获得更多技能。"小 CAN"打通了显示屏、摄像头等多个设备。根据不同的场景,中控会自动做出相应的屏幕规划,用户也能够通过手势操作或者与"小 CAN"对话,从而实现屏幕与屏幕之间无界限的飞屏、分屏等功能。

2.1.6 安信通车载机器人

安信通车载机器人如图 2-6 所示。

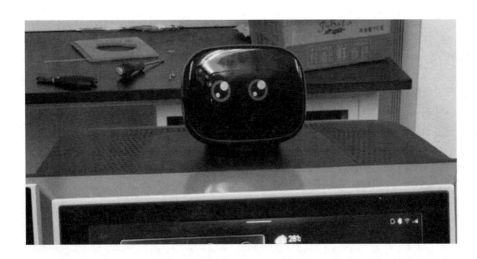

图 2-6 安信通车载机器人

安信通车载机器人是一种适合前装量产的车载智能硬件，具有智能化水平高、用户体验好、人机交互体验提升显著等特点，是安信通科技（澳门）有限公司专门面向各大主机厂提供的前装量产车载机器人定制化服务。目前，安信通已与多家主机厂合作，为其量身定制开发车载机器人。安信通车载机器人具备以下几个特点：

（1）采用车规级实体硬件结构设计，具备 1～3 个自由度的动作能力，且能够实现拟人化表情动画功能，同时支持在线、离线协同的语音交互功能，为用户提供更加便捷的智能服务。

（2）安信通车载机器人具有语音、表情、动作融合的多模态情感表达功能，并定义了车载机器人的数百种车内场景行为，力图带来灵动的情感交互体验。

（3）车载机器人集成了基于深度学习的车规级低功耗前端智能算法，可以在本地硬件上实现人工智能自主学习功能，连续学习记忆驾驶员的驾驶习惯，预判并主动帮助驾驶员进行车控车设、语料新增、情感识别交互等任务执行，提升智能化驾乘体验。

（4）安信通车载机器人具备多种硬件、造型、结构和系统设计，能够根据主机厂的个性化需求定制，并贴合整车的设计，可灵活选择其在车内搭载的位置，并能充分利用中央位置，实现更多的创新功能。

2.2　虚拟车载助手

除了实体车载机器人，虚拟车载助手也是车内智能化的重要载体。虚拟车载助手一般呈现于车内控制屏幕上，或以虚拟 3D 投影的形式呈现，并且具有多样化和相对简单的形象，如卡通形象或简化的人物形象等。与实体机器人类似的是，虚拟车载助手的主要功能也是通过自然语音交互与用户沟通，接收并执行用户的指令，实现控车、娱乐影音等功能。虚拟车载助手通过语音识别技术，理解用户的自然语音指令，而且其回答语音通常带有人性化的情感表达，使得用户可以更加轻松自然地与车载系统进行交互。

虚拟车载助手是当前互联网商用汽车普遍搭载的一项功能。随着汽车座舱环境内对语音指令要求的不断提高，虚拟车载助手的能力也得到了进一步的增强，其语音识别率和响应速度不断提高，用户可以更加方便地使用虚拟车载助手来完成各种操作。此外，虚拟车载助手还可以与车辆的其他智能设备协同工作，从而为用户提供更加丰富的汽车智能化体验。

2.2.1　理想 ONE 的"理想同学"

虚拟车载助手"理想同学"如图 2-7 所示。

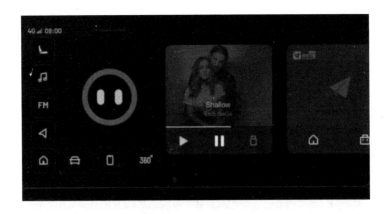

图 2-7　虚拟车载助手"理想同学"

　　"理想同学"是理想 ONE 车型内置的智能语音助手，是车内智能化的重要载体。作为车内控制屏幕上的一种虚拟形象，"理想同学"具有简单的形象和可爱的笑脸。其主要功能与实体车载机器人类似，通过自然语音交互与用户沟通，实现控车、导航、音乐、有声读物和资讯等各种高频场景的直达，为用户省去了繁琐的操作，节省了查找时间。

　　视觉上，"理想同学"初始状态为呈现在中控屏左侧的笑脸。当呼唤"理想同学"并说出想去的目的地时，中控屏左侧的笑脸会通过目光反馈到音源方向，方便用户确认。

　　为了提高用户体验，"理想同学"在车内布置了四个全向硅制麦克风，可响应车内所有人的语音指令，并能准确识别人员位置。此外，"理想同学"还拥有一些其他功能亮点，如支持车载微信，可方便地播报消息、发送消息，接收好友定位并导航前往；同时还提供了车内的可视化声控游戏，增强了用户的娱乐体验。

2.2.2　小鹏汽车的"小 P"

　　虚拟车载助手"小 P"如图 2-8 所示。

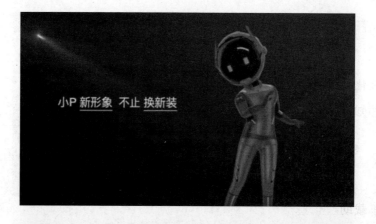

图 2-8　虚拟车载助手"小 P"

　　"小 P"是小鹏汽车搭载的 AI 助手,具有丰富的功能和智能化的交互方式。"小 P"能够通过识别、处理和执行用户的自然语音指令,实现车辆基本控制,包括智能导航、多媒体控制、车机控制等大部分用车功能。"小 P"虚拟形象位于车内 15.6 英寸悬浮中控屏上,外形设计为未来感十足的机器人卡通形象,支持自定义形象,用户可以将其定义成想要的样子,例如孩子、宠物、女神等。

　　据了解,"小 P"的交互范围非常广,座舱中的功能界面基本可以实现一语直达,语音控制的精准度较高。"小 P"具备学习并记忆用户的使用习惯的功能,从而提供更为贴心的服务,比如通过学习历史行程,预测目的地;学习用户的听歌喜好,结合用户的行车场景,推荐个性化的车载音乐等。同时,"小 P"支持全场景的连续对话，在唤醒后可以持续倾听，无须重复唤醒。此外，"小 P"还具备一定的自定义语音指令功能，可根据用户需要定义相应操作的语音指令内容，形成语音定制包，提供更加个性化的服务。在技术方面，"小 P"支持部分 ADAS 功能，同时通过眼神对情绪进行感知，也可感知环境、路测、行为等。

2.2.3 奔腾 T77 的 "YOMI"

虚拟车载助理 "YOMI" 如图 2-9 所示。

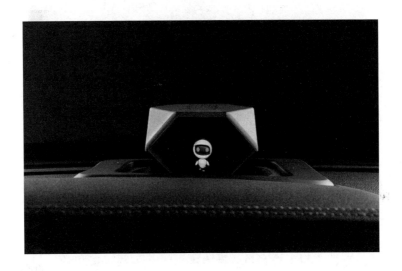

图 2-9 虚拟车载助理 "YOMI"

"YOMI"是奔腾 T77 中搭载的 AI 全息智控系统，与其他虚拟车载助手不同的是，"YOMI"是一种全息投影的交互界面，用户可以通过语音和动作与一个 3D 虚拟成像、可移动的卡通形象进行交互。奔腾 T77 车型的定位是高性价比的经济适用车型，面向充满活力和拥有时尚精神的年轻人。"YOMI"作为该车型的一项重要载体，可联动中控屏实现部分车控功能，借此吸引年轻客户群体。

据了解，"YOMI"处在全息投影密闭环境中，目前所呈现的卡通形象能够提供 3 种人物、5 套个性装扮、43 种场景动作。同时用户可以通过与中控屏联动自定义

"YOMI"形象。全息投影的 3D 造型是"YOMI"的主要特色，可以变换多种人物形象、装扮与动作，带给用户丰富的感受和体验。

2.2.4 广汽的"广小祺"

虚拟车载助理"广小祺"如图 2-10 所示。

图 2-10 虚拟车载助理"广小祺"（图片来源：智驾传媒官网）

"广小祺"是一款虚拟卡通形象，表情可以随着车辆状态和音乐的节奏变化而变化，比如当续航里程偏低的时候，它会表现出着急的样子来提醒驾驶员尽快充电；当收听音乐的时候，它会显示成眼睛弯弯的笑脸，带来轻松愉悦的氛围。

据了解，"广小祺"所搭载的广汽传祺 GS4 车机系统拥有快达 1.2 秒的迅速反应能力，可以实现 13 类语音控制功能，支持 33 项全局免唤醒功能，可以通过自定义唤醒词来打开音乐、导航等功能，避免频繁手动操作。

03 车载机器人关键技术

在整车开发中，车载机器人并非独立组件，而是整车娱乐系统的一部分。实现机器人的多种功能与场景需要中控屏、仪表和 T-BOX 等组件的配合协作才能完成。在车型开发中，车载机器人的硬件架构设计和芯片选型需要与整车娱乐系统架构设计相匹配。一般有以下两种方案：

（1）方案一，车载机器人自带芯片有一定的算力（边缘计算），虽不需要很强的处理能力，但能独自处理一些任务，与中控主机耦合性不强。这种方案的缺点是成本较高，与中控主机的信息与指令交互需要较多的接口。

（2）方案二，车载机器人硬件只作为人机交互（转动、显示等）的"傻"终端。芯片、算法算力、智能都依赖于车娱乐系统主机。这种方案的优点是低成本，便于实现多屏互动；缺点是系统耦合性较强，很多功能受限于主机。该方案完全取决于整车娱乐系统主机芯片的选择，只需要考虑芯片算力能否满足多屏下各场景的实现即可。这种方式也是大部分主机厂目前主流的选择。

车载机器人的硬件架构设计和芯片选型方案如图 3-1 所示。

本书谈到的方案指的是方案二。

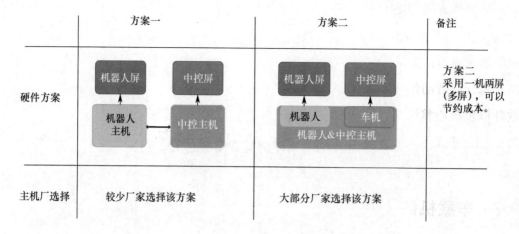

图 3-1　车载机器人的硬件架构设计和芯片选型方案

3.1　关键技术和总体路线分析

车载机器人硬件系统示意图如图 3-2 所示。

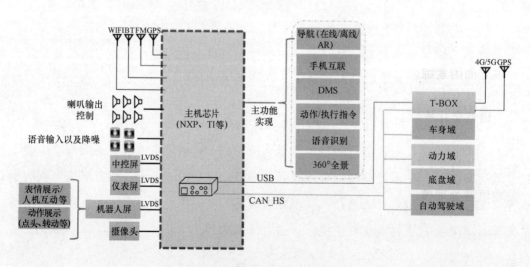

图 3-2　车载机器人硬件系统示意图

从机器人硬件功能角度分类，车载机器人硬件系统可以分成三个部分：第一部分叫作感知部分，如语音/音频的接收、T-BOX 车辆运行和行驶数据的采集、摄像头视频的采集等；第二部分叫作计算和决策部分，如芯片（CPU）、内存等；第三部分叫作执行或者动作部分，如使机器人转动、点头等的结构。每个部分都是由硬件、软件以及核心算法构成的。涉及的核心算法主要有语音识别、人脸识别、情感 AI 的识别、手势的识别、生物特征的识别等。

3.2 车载机器人硬件

与车载机器人相关的主要硬件包括主机芯片、显示模块（屏幕）、语音模块、视觉模块、转动结构等。

芯片的选择，首先需要选择车规级芯片，车规级 SoC 对于工作温度范围、可靠性及安全性的要求更高。

车载机器人屏的选择，首先需要选择车规级的屏幕。其次，由于车载机器人显示不同于中控屏，可以采用小尺寸。屏幕的选择一定是显示效果、可实现性、成本等多方面因素综合考量与平衡以后才能给出的最适合的选择。

语音交互是最重要的人机交互方式，但是车载语音识别和通话质量会受到发动机、空调、人声、多媒体等车内噪声的影响，因此为了保障用户在车载场景的语音交互体验和识别率，需要增加 ECNR（Echo Cancellation & Noise Reduction，回声消除+降噪）前端语音处理模块。

车载机器人使用的视觉模块的主要功能是进行身份识别、疲劳驾驶识别、情绪等生物特性的识别。从硬件角度来讲，目前视觉识别的摄像头种类很多，一般车载视觉模块会选择带有红外识别功能的摄像头，这样在光线昏暗或者驾驶员戴墨镜的情况下也能较好地识别身份。

3.2.1　机器人主机芯片

汽车芯片的工作环境较为恶劣：温度范围变化非常大、强震动、多粉尘、电磁干扰强等。此外由于涉及人身安全问题，汽车芯片对于可靠性及安全性的要求也更高，一般设计寿命为 15 年或行驶里程为 20 万公里。车规级芯片需要经过严苛的认证流程，包括可靠性标准 AEC-Q100、功能安全标准 ISO 26262 等，并且需要 2～3 年的时间才能进入主机厂供应链。

不同级别芯片的性能特点如表 3-1 所示。

表 3-1　不同级别芯片的性能特点

项目	民用级	工业级	车规级	军工级
工作温度范围	0～70℃	−40～85℃	−40～125℃	−55～125℃
电路设计	防雷设计、短路保护、热保护等	多级防雷设计、双变压器设计、抗干扰设计、短路保护、热保护、超高压保护等	多级防雷设计、双变压器设计、抗干扰设计、多重短路保护、多重热保护、超高压保护等	辅助电路和备份电路设计、多级防雷设计、双变压器设计、抗干扰设计、多重短路保护、多重热保护、超高压保护等
工艺处理	防水处理	防水、防潮、防腐、防霉变处理	增强封装设计和散热处理	耐冲击、耐高/低温、耐霉菌
系统成本	线路一体化设计，价格低廉但维护费用较高	积木式结构，每个电路均带有自检功能，造价稍高但维护费用低	积木式结构，每个电路均带有自检功能并增强散热处理，造价较高、维护费用高	造价高、维护费用高

基于以上因素，车载机器人主机芯片只能选择车规级芯片，然后按照具体车型及智能座舱系统的需求，统一测算整体的算力需求，在此基础上，预留足够的算力给车载机器人来使用。

当前汽车芯片市场的主要参与者如表 3-2 所示。

表 3-2 汽车芯片市场的主要参与者

汽车芯片市场的主要参与者	
传统汽车芯片厂商	消费芯片厂商
NXP（恩智浦）、TI（德州仪器）、瑞萨、英飞凌、意法半导体、博世、Telechips、东芝、芯驰科技、安森美、Mobileye、微芯科技等	高通、Intel（英特尔）、英伟达、联发科、三星等

3.2.2 显示模块（屏幕）

车载机器人屏需要选择车规级的屏幕，车规级屏幕不仅工作温度范围更大（−35～85℃），而且质量要求更高（需要经过几十项专业测试，包括防尘测试、震动测试、EMC 电磁环境兼容性测试、抗干扰测试、极限温度测试、耐久测试、连接规范测试、冲击测试等）。

由于机器人显示不同于中控屏，为了更拟人化，绝大部分选择圆形屏，而圆形屏属于异形屏，需要单独开模，这就会产生比较高的费用。为了降低成本，有时可以采用多边形的屏幕外面包一圈黑边，这样外观呈现是圆形的，不影响显示效果，采用多边形屏幕，模具费可以降低很多。

随着显示材料的更新，屏幕也可以选择 LCD、LED、OLED 等不同材质与技术路线的显示屏。总体来说，屏幕的选择一定是显示效果、可实现性、成本等多方面因素综合考量与平衡以后才能给出的最适合企业的选择。

3.2.3 语音模块

车内多位置的语音交互是智能车载机器人的入口，包括语音识别、唤醒、定位等功能。声源定位、个性化音区、分区控制、后排交互、多音区唤醒/识别/定位是智能语音技术接下来的研发方向。目前该系统的具体设计方案一般由主机厂提出需求，大部分厂商采用成熟语音服务提供商的解决方案。

图 3-3 所示为车载机器人语音识别系统架构示意图。

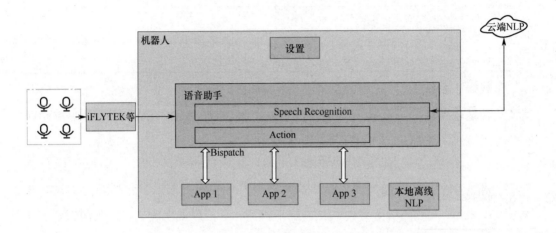

图 3-3　车载机器人语音识别系统架构示意图

通过在车内不同位置部署降噪麦克风配合相应的算法实现声源定位。通过声源定位可以快速确定发音人的位置，满足车内多个位置的语音交互体验，使汽车更智能、更有趣。在车载环境内会同时存在音乐和发音源信号，当进行语音识别时，需要把音乐、噪声等屏蔽掉，即回声消除。麦克风布置要远离空调出风口等声源位置，通常摆放在前排顶灯、中控台等位置，左右水平摆放，尽量在左右对称的中间位置，双麦间距通常为 8～20cm，如声孔选择阵列多孔或者格栅孔。经过降噪处理的语音，通过语音识别模块、语义理解模块，以及语音合成模块处理，完成人机语音交互过程。

3.2.4　视觉模块

车载机器人使用的视觉模块的主要功能是身份识别（识别出不同的驾乘人员，从而可以针对性地提供个性化服务）、疲劳驾驶识别、情绪等生物特性识别。从硬件角度来讲，目前视觉识别的摄像头种类很多，一般车载视频识别会选择带有红外识别功能的摄像头，这样在光线昏暗或者驾驶员戴墨镜的情况下也能较好地识别身份。

3.3 车载机器人软件

车载娱乐系统的软件架构设计，一般在底层硬件与相应的外设基础上采用两种方案：一种是软件虚拟化，即一芯多系统的虚拟系统 Hypervisor；另一种是硬隔离实现一芯多系统。不管采用哪一种方案，最终目的都是为了实现一芯多系统。图 3-4 所示为车载机器人软件系统架构示意图，车载机器人和中控屏采用安卓（Android）操作系统，仪表采用对安全性与实时性要求比较高的 QNX/Linux 系统。

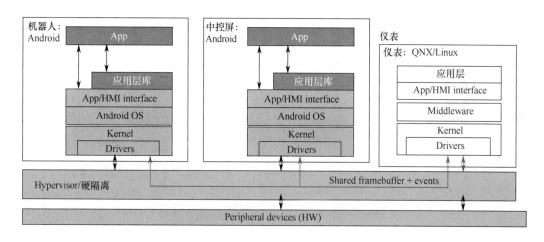

图 3-4　车载机器人软件系统架构示意图

3.3.1 一芯多系统或者硬隔离

一芯多系统（Hypervisor）是运行在物理服务器和操作系统之间的中间层软件，其采用操作系统和硬件剥离的方法，使多个操作系统可以共享一个硬件系统。

Hypervisor 提升了系统的稳定性和安全性，提高了空闲资源的利用率。

Hypervisor 技术的引入，使得硬件和软件资源可以按照产品需求，灵活地在不同的操作系统中分配。在智能座舱域控制器中，由于针对不同功能有不同级别的要求，从而需要不同的操作系统来支持。比如 QNX 系统负责仪表，保证仪表功能；Android 系统提供信息娱乐功能；RTOS 系统提供实时性功能。而基于 Hypervisor 的系统架构，则能灵活地支持多个不同的操作系统运行在一个域控制器上，并能高效地协调域控制器里不同功能组件之间的通信和协作。

硬隔离技术是对多核 CPU 来讲的，以 6 核 CPU 为例，可以使用其中 2 核运行一个特定的操作系统，另外 4 核运行另外一个操作系统，具体多核 CPU 分配可按照实际项目需求来决定。硬隔离技术多核 CPU 分配示意图如图 3-5 所示。

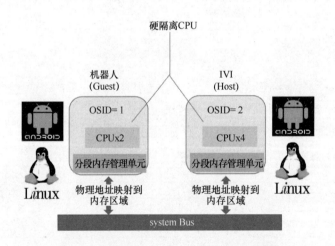

图 3-5　硬隔离技术多核 CPU 分配示意图

目前阶段，底层车载操作系统主要有 QNX、Linux、Android 三大阵营，以及新出现的华为 Harmony OS。不同于 PC、手机这些智能终端，汽车特殊的使用环境决定了车载操作系统需满足稳定可靠且毫秒级实时响应的苛刻安全要求。

近年来，随着移动互联网智能生态的高速发展，Android 系统积累了海量内容和应用,将这些应用移植到车机上,使 Android 系统迅速成为主流车载操作系统(OS)之一。

此外,华为 Harmony OS 的推出以及在车辆上的使用,使其也成为一种不可被忽视的开源车载操作系统。Harmony OS 是面向万物互联时代的全场景分布式操作系统,Harmony OS 车机操作系统,即 HOS-A 是华为基于 Harmony OS 并结合智能座舱打造的车机专属操作系统,通过一芯多屏、多并发、运行时确定保障等能力,满足出行场景需要。HOS-A 实现软硬件解耦,一套系统满足各种硬件设备,打通人、车、家,实现真正意义上的万物互联,同时,应用生态伙伴无须关注不同车型的硬件差异,一次开发即可面向不同车型进行分发。

3.3.2　中间件

中间件（Middleware）是基础软件的一大类,在操作系统、网络和数据库的上层,应用软件的下层,总的作用是为处于上层的应用软件提供运行与开发的环境,帮助用户灵活、高效地开发和集成复杂的应用软件,在不同的技术之间共享资源并管理计算资源和网络通信。随着汽车应用要求的不断提高,软件总量也随之迅速增长,这导致了系统的复杂性和成本的剧增,为了提高软件的管理性、移植性、裁剪性和质量,需要定义一套架构（Architecture）、方法学（Methodology）和应用接口（Interface）,从而实现标准的接口、高质量的无缝集成、高效的开发,通过新的模型来管理复杂的系统。

3.3.3　应用层软件

车载机器人具有拟人化的外观,可以支持动作、表情、视觉和语音等基础功能,可以为驾乘人员提供更丰富、有趣的人车交互体验。这些功能是由应用层软件实现的,其位于软件层次的顶层,直面用户,影响用户直观体验,也是车载机器人交互的核心。

3.3.4　车载机器人整体架构

基于对车载场景和人工智能融合的深度理解，本书提出了车载机器人的 HANVE（Human AI Networked Vehicle Ecology）模型，即须具备的五大基本功能要素，用以保证车载机器人应用的安全、体验和"懂我"。五大基本功能要素分别是人机交互、人工智能、车机控制、社交属性和生态应用，具体模型如图3-6所示。

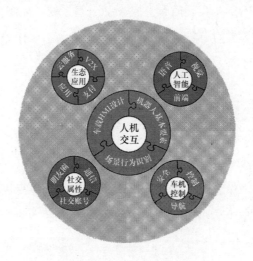

图 3-6　车载机器人的 HANVE 模型

1. 人机交互

车载机器人的人机交互是指机器人与驾驶员之间的信息交流和指令执行的过程，其中包含机器人的基本要素、车载 HMI 设计和场景行为识别三个方面。在人机交互中，机器人需要与驾驶员进行高效的沟通和交流，帮助驾驶员完成各种任务，同时还要提供娱乐和陪伴的功能，让驾驶员对机器人产生信赖和依赖，进而建立驾驶员和机器人之间的紧密联系。

（1）机器人的基本要素是人机交互的基础，机器人需要具备灵敏的传感器和执行器，能够准确地感知环境和执行指令，例如，机器人需要能够识别驾驶员的声音和面部表情，以便理解驾驶员的意图，并能够通过车载系统控制车辆的各种功能。

（2）车载 HMI 设计对人机交互至关重要，设计良好的车载 HMI 可以提高人机交互的效率和舒适度，同时也能够增强机器人的娱乐性和人性化。

（3）场景行为识别是实现人机交互的重要手段，通过对车内场景的识别和分析，机器人可以自动判断驾驶员的需求并进行相应的响应。例如，当驾驶员疲劳时，机器人可以自动开启驾驶员疲劳提醒功能；当驾驶员需要导航时，机器人可以自动启动导航系统，帮助驾驶员快速找到目的地。

2．人工智能

车载机器人应具备视觉智能、语音智能、前端智能三大人工智能属性。

（1）视觉智能是车载机器人最常用的人工智能属性之一，通过使用车内摄像头，车载机器人可以进行人脸识别、情绪识别和驾驶员状态管理（DMS）等功能。这些功能可以大大提高驾乘人员的安全性和舒适性。

（2）语音智能也是车载机器人不可或缺的人工智能属性。车载机器人应当能够理解和响应驾乘人员的口头指令，实现任务式语音助理和全程服务。自然语言处理（NLP）技术可以帮助车载机器人更好地理解人类语言，实现对话和交互，提供更加个性化的服务。目前包括 ChatGPT 等的大型语言（LLM）模型系统的接入，可以提升车载机器人的聊天对话能力。

（3）前端智能是车载机器人最具有挑战性的人工智能属性之一。由于车载机器人的嵌入式硬件受限，要实现高效的计算和数据存储，前端智能需要在 SoC 嵌入式硬件基础上实现离线增量学习、连续性跟踪训练和学习用户行为等功能。这些功能可以使车载机器人更好地适应驾乘人员的需求，并提供更加个性化的服务。

3．驾驶辅助

驾驶辅助可提供安全辅助信息、车内非驾驶安全件的调控功能和衔接导航功能，是车载机器人功能实现的一个重要途径。它可以通过各种传感器获取车辆周围环境的信息，包括车辆的位置、速度、方向、距离、障碍物等，并将这些信息呈现给驾驶员。

（1）车载机器人可以通过前装和后装的摄像头、雷达、激光雷达等，对车辆周围的环境进行感知，预警驾驶过程中的危险情况，通过语音或者屏幕显示，提醒驾驶员相关情况。车载机器人可以通过车辆的中控屏和平视显示（HUD）系统，向驾驶员展示行车路线、天气状况、交通情况等信息，辅助驾驶员作出驾驶决策。

（2）通过对车内非驾驶安全件的调控，车载机器人不仅可以提供驾驶辅助信息，还能够帮助驾驶员调节车内非驾驶安全件，如空调、音响、座椅等，车载机器人可以通过语音控制、手势识别等方式，实现对车内设备的操作。

（3）车载机器人还可以与车辆导航系统进行衔接，提供更加精准的位置信息服务（LBS）。通过车载机器人提供的位置信息、周边设施信息等，驾驶员可以更好地了解周边环境和道路状况，作出驾驶决策。

4．社交属性

车载机器人作为车内的智能助手，为实现更好的拟人化交互，需要设定一定的社交属性。

（1）车载机器人可以通过多维度精准用户画像实现精准推荐。车载机器人可以通过记录用户的驾驶行为、音乐偏好、路线规划、导航记录等多方面的信息，建立用户画像，从而更好地了解用户的兴趣爱好和需求，实现精准的推荐服务。例如，在路上遇到堵车时，车载机器人可以主动向用户推荐途经的美食店或咖啡馆，提供一些放松的场所，让用户更好地度过堵车的时间。

（2）车载机器人需要基于账号和社交关系链，构建最大化的车载关系网络。车载机器人可以通过绑定用户的社交账号，了解用户的社交圈子，从而在车内提供更多的社交服务。例如，在车内使用车载机器人可以与朋友进行语音聊天，共享音乐等，不仅可以丰富车内的生活，还可以加强人际关系，扩大用户的社交圈子。

（3）车载机器人可以支持特色的社交场景。例如，在车内进行语音互动游戏，与车内的其他乘客进行互动，增加车内的乐趣和互动性，加强用户之间的交流与沟通。

（4）车载机器人还可以通过各种社交平台，进行线上互动和分享，进一步扩大用户的社交圈子。

5．生态应用

车载机器人可为驾驶员提供便捷的服务体验，通过连接云服务、车辆间通信、应用和支付等多个方面，形成一个全面的车载生态系统。

（1）车载机器人可以连接云服务，实现数据共享和云计算，以提供更高效、更智能的服务。通过连接云服务，车载机器人可以获取更多的数据，如天气、交通路况、新闻等信息。

（2）车载机器人可以搭载车联网（V2X）技术，实现车辆与道路、车辆与车辆之间的信息交互。通过 V2X 技术，车载机器人可以获取道路状况、车流量等信息，实现智能的路线规划和辅助驾驶信息提供，提升行车安全性。

（3）车载机器人还可以提供应用和支付功能，为驾驶员提供更多便捷的服务。车载机器人可以实现在线听音乐、看视频、社交等多种功能，能够提供更加丰富多彩的娱乐体验。

3.4　实体机器人动作定义

3.4.1　实体造型与部署位置

实体造型有助于弥补人机交互中缺失的沟通模式和沟通要素。一方面，人类天生就是重视外貌的，当某个事物具备人们意识形态中"人"的形象时，自然而然会有"赋能"的诉求，因为这样能够完整地扮演信息接收者的角色。另一方面，机器人具备感知、计算和执行三大基本能力，可以通过运动机构和显示系统实现姿态、表情和动作的传达，并具备语言和肢体沟通的模式。

车载机器人实体造型即外观设计。根据日本机器人专家森政弘在 1970 年提出的"恐怖谷"理论，当机器人与人类的相似度极低（如工业机器人）时，人们对它没有太多的情感反应；当这些非人的物体开始被赋予一些人类的特征，在外形和动作上同人类逐渐接近时（如人形机器人），人们对它的亲近感和好感度会逐渐增加；但当它与人类相像超过一定程度，人们对它的好感反而会下降，呈现一个情感反应的低谷，这就是"恐怖谷"。[3]

有些专家认为，从"进化选择"的角度解释，人类会本能地排斥那些看起来不太正常、病态的个体，这样可以保护自己。而这些不正常、病态的特征通常是由面部和肢体表现出来的。因此，当我们看到那些看似逼真但面色惨白、表情僵硬、动作机械的仿真机器人时，就会不自觉地联想到"不健康"，甚至"死亡"，从而产生不适、反感甚至恐惧的感觉。

为了避免产生"恐怖谷"效应，在设计车载机器人的实体造型时，应该尽量避免过于逼真、不自然或者不友好的特征，需要注意以下几个方面：

（1）减少仿生学特征，不要过于逼真，避免引起人类的反感或厌恶，可采用艺术处理的方式，如卡通化、面部艺术化处理等，一旦用户接受这种风格化的设定，机器人所具备的人的特征就会显得更加迷人。

（2）表情和姿态的设计应友好、可爱，以增强人类对其的亲近感。

（3）机器人的动作和行为应该自然流畅，避免过于僵硬或不自然，避免使人类感到不适或恐惧。

（4）明确车载机器人的实体功能和用途，以增强人类的接受度。

车载机器人硬件结构非常依赖于机器人在车内安装的位置，常用的安装位置有两类。

1）布置在仪表台中间位置

车载机器人部署在中控台中央位置示意图如图 3-7 所示。布置于此的车载机器人需要注意以下几点：

（1）因为仪表台下面正好是空调的风道，所以整车布置的时候需要提前设计，避开空调风道为车载机器人预留出足够的空间，因为车载机器人有摆动、转动，甚至升降装置，为了避免相互干涉，通常会需要较大空间才能合理布置。

（2）车载机器人位于仪表台上方并且突出来，因此需要重点考虑机器人结构的耐久性和防碰撞性能。

图 3-7　车载机器人部署在中控台中央位置示意图

2）布置在车内后视镜上方或者眼镜盒的位置

车载机器人部署在车内后视镜位置示意图如图 3-8 所示。布置于此的车载机器人也有以下几点需要考虑：

（1）因为被安装在车顶位置，所以车载机器人主机结构不能过大，需要留足空间避免遮挡后视镜。同时，过大的结构可能导致不符合法规或者过重，引起噪声、震动和碰撞等问题。

（2）由于车载机器人被安装在车顶，其结构的耐久性要求更高，此外还需要考虑转动齿轮等设计方面的挑战。

图 3-8　车载机器人部署在车内后视镜位置示意图

对于中控台和车内后视镜位置的车载机器人布置方式，各有优缺点。布置在中控台中央位置的优点是位于前排驾乘人员的视线范围内，其内部空间也较大，更容易集成和扩展更多的功能。因此，大多数车厂采用了这个方案。

相比之下，部署在车内后视镜位置的产品较为少见，这主要是因为车内后视镜位置提供的空间区域较小，给硬件的集成带来了一定的挑战。然而，这个位置可以做到在驾驶区舒适的视线内隐现自如，互动沟通的范围更容易覆盖全车，而不仅仅限于前排驾乘人员。

3.4.2　机械动作定义

车载机器人机械结构示意图如图 3-9 所示。车载机器人的机械及运动部分通常由三大部分组成，包括车载机器人头部、电机组和控制主机。控制主机的作用主要包括两个方面：一是驱动车载机器人电机组和屏幕等硬件的运行，二是按照车载机器人的系统软件运行。而实体造型主要指车载机器人的头部，通常具有 1～3 个自由度，根据电机组的配置情况而定。目前已上车的前装车载机器人产品以二自由度为主。

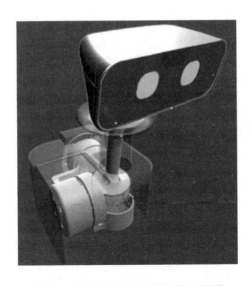

图 3-9　车载机器人机械结构示意图

以二自由度的车载机器人实体为例,可实现的基本动作为左右摇头和上下点头,通过两种基本动作的组合、动作幅度及速度定义,可实现点头肯定、摇头否定、随音乐节奏运动、转向车门迎送宾等一系列动作,可与表情、语音结合表达,实现一些拟人化的交互表达。

3.4.3 车规带来的设计约束

车规是针对汽车的安全、性能、排放、能效等方面制定的标准和规范,对车辆及其配件的设计、生产等都有着严格的要求。车载机器人作为一种新型配件,也必须符合相关的车规要求。由此,车规要求是在车载机器人设计和开发中不可忽视的因素,它会给设计带来一些局限。下面从六个方面予以简述。

1)造型设计

车规要求在车载机器人的造型设计上有一定的限制,因为车载机器人需要安装在车内,必须符合车内空间的限制,造型设计需要考虑机器人的体积和尺寸,不能过大、过重,否则会影响车辆的可操控性。同时,也要符合法规和安全要求,车载机器人的造型必须和车辆整体观感协调,不得对驾驶员和乘客造成危害,尤其是不能干扰驾驶员视线。

2)震动和碰撞

车规要求在车载机器人的震动和碰撞方面有一定的要求。由于车载机器人在车辆行驶中会受到不同程度的震动和冲击,因此需要在设计时考虑车载机器人的结构强度和耐用性,以确保车载机器人在车辆运行中不易受到损坏或发生故障。此外,车载机器人的设计需要考虑车辆在发生碰撞时,车载机器人对驾乘人员的影响,以保证机器人不会成为安全隐患。

3）稳定性

车规要求在稳定性方面有一定的要求。一方面，车载机器人的运动状态必须要稳定，不得对车辆的可操控性和行驶稳定性产生影响，在设计车载机器人时需要考虑车载机器人的质量、重心、惯性等因素，以确保车载机器人的稳定性和可靠性。另一方面，车载机器人的功能要稳定，在车规要求和相应温度、湿度等环境条件下能够稳定地提供服务。

4）安全性

车规要求在安全性方面有严格的要求。车载机器人需要考虑驾驶员和乘客的安全，不得对车辆行驶过程中的安全性产生负面影响。在设计时需要注意车载机器人的电气和机械安全性能，确保车载机器人的安全性能符合相关法规要求。

5）电磁兼容

车规要求在电磁兼容方面有一定的要求。车载机器人的设计必须考虑车载电子设备的干扰问题，避免车载机器人对车载电子设备产生干扰。同时，车载机器人的电气性能也必须符合相关法规要求。

6）表面处理

车载机器人的表面涂层和涂装颜色必须符合车规要求，包括耐久性、抗氧化性、耐磨性等方面。这就要求车载机器人设计者必须谨慎选择涂层和涂装颜色，表面处理要符合耐久性和抗损性要求，能够满足规定要求环境下保持较好的表面质量和稳定性，以确保满足车规要求。同时，表面处理也应该遵循环保标准，减少对环境的污染，保证车载机器人的耐用性和美观度。

3.4.4 表情设计

1. 面部表情特征

车载机器人的面部表情是一种表现情绪的有效途径。心理学家 Mehrabian[4]给出了一个公式：情感表现=7%语言交流+38%语音语调表现+55%面部表情。此公式表现出在非语言交流中，人们多数通过面部表情来传递情感信息，同时也表现出面部情感表达是面对面交互过程中重要的交流渠道。

Disalvo 等人[5]进行了一项关于虚拟形象的面部特征和尺寸影响类人感知的研究。他们建议，虚拟形象面部表情设计应平衡三个方面因素：类人性、机器人性和产品性。类人性是为了让用户更直观地与虚拟形象助手进行社交互动；机器人性即对虚拟形象认知能力的期望；产品性是让人类把虚拟形象看作一种工具或设备。Scott Mccloud[6]介绍了用于卡通脸的三角形设计空间，也就是说虚拟形象的面部越具有标志性，即越像表情符号（Emoji）那样简化，它就越能放大面部情感的含义，并专注于信息而非媒介。同时，虚拟形象的面部越具有标志性，能代表的人就越多，可信度就越强，也越能避免"恐怖谷"理论的影响。[3]

眼睛是面部表情中最能直接反映人类情感的器官[7]。眼睛的注视方向（Gaze）可以传递出虚拟形象助手视觉关注的焦点，同时也可以表现出其行为动机。虚拟形象的情绪分成两种变化：积极情绪和消极情绪。积极情绪即眼睛的凸面朝上，表示虚拟形象处于高兴、感激、自豪等积极情绪；消极情绪的眼睛凹面朝上，表示虚拟形象处于羞愧、悲伤、生气等消极情绪；眼睛微眯，表示虚拟形象处于温和、放松等状态下。

嘴部变化是判断情感表达的标准之一。当嘴角上扬时大多表现为喜悦、充满希望、感激、钦佩等积极情绪，嘴角上扬的弧度越大，则愉悦度越高；而表示悲伤、羞愧、敌对等情绪时，嘴角都是朝下的。

表情符号作为视觉符号辅助元素[8]，一方面通过手势、道具等元素更精确地表达虚拟形象的情绪，另一方面将文字无法准确传递给用户的情绪通过视觉传达出来，在满足功能的同时营造出轻松、愉悦的氛围。在表情符号的使用中，不同年龄、国家、文化背景下的用户都会对表情的含义有相同的理解，达成认知的统一。

本书采用并扩展了 PAD（Pleasure-Arousal-Dominance）情感维度的方法来构建面部表情所表达的情感，分析并总结出 24 种面部情感特征，如表 3-3 所示。

表 3-3　面部情感特征

情感空间维度	情感	眉毛	眼睛	嘴巴	辅助元素
Exuberant-积极	Love-喜爱	眉毛水平	眼睛睁大，凹口朝下	嘴巴撅起	爱心
	Joy-快乐	眉毛水平或挑眉	眼睛微眯，凹口朝下	嘴角小幅朝上	红晕
	Happyfor-高兴	眉毛水平或挑眉	眼睛半眯，凹口朝下	嘴巴咧开	红晕、手举高
	Pride-自豪	眉毛水平抬高	眼睛睁大，凹口朝下	嘴角大幅朝上	星星、比 V 手势、奖章
	Gratification-自满	眉毛水平，间距稍大	眼睛微眯，凹口朝下	嘴巴咧开	红晕
Dependent-依赖	Hope-充满希望	单个眉毛两端朝下，呈八字型	眼睛微眯，凹口朝下	嘴巴微咧开	星星、双手合上
	Liking-喜欢	单个眉毛两端朝下，呈八字型	眼睛微眯，凹口朝下	嘴角小幅朝上	红晕、爱心
	Gratitude-感激	眉毛水平，间距稍大	眼睛微眯，凹口朝下	嘴角小幅朝上	红晕、爱心、双手合上
	Admiration-钦佩	眉毛水平或微挑眉	眼睛微眯，凹口朝下	嘴角小幅朝上	比 6、抱拳手势
Relaxed-放松	Relief-放松	单个眉毛两端朝下，呈八字型	眼睛眯起，凹口朝上	嘴角小幅朝上	红晕
	Satisfaction-满意	眉毛水平或水平抬高	眼睛微眯，凹口朝下	嘴巴咧开	红晕、点手势

（续表）

情感空间维度	情感	眉毛	眼睛	嘴巴	辅助元素
Docile-温和	Mildness-温和	单个眉毛两端朝下，呈八字型	眼睛眯起，凹口朝下	嘴角小幅朝上	红晕
Bored-无聊	Resentment-嫉妒	单个眉毛两端挑起，高低眉	眼睛斜视，凹口朝上	嘴角倾斜朝下	单手托脸
	Pity-遗憾	眉毛呈八字型朝下	眼睛眯起，凹口朝上	嘴角小幅朝上	眼泪，摊手手势
	Distress-悲伤	单个眉毛两端挑起，间距小	眼睛八字型半眯，凹口朝上	嘴角大幅朝下	眼泪，擦泪手势
	Fearsconfirmed-悲观	眉毛呈八字型朝下	眼睛睁大/倾斜，凹口朝上	嘴角大幅朝下	单手托腮
Disdainful-轻蔑	Shame-羞愧	眉毛呈八字型朝下，间距小	眼睛八字型眯起，凹口朝上	嘴角小幅朝下	脸红
	Remorse-悔恨	眉毛呈八字型朝下，间距小	眼睛八字型眯起，凹口朝上	嘴角小幅朝下	手扶额
	Disappointment-失望	眉毛呈八字型朝下，间距小	眼睛八字半眯，凹口朝上	嘴角大幅朝下	叹气
	Fear-害怕	眉毛向上挑起，呈倒八字型	眼睛睁大/倾斜，凹口朝上	嘴巴张大	双手撑脸
Anxious-焦虑	Reproach-责备	单个眉毛两端呈水平状态	眼睛半眯，凹口朝上	嘴巴张大	字母符号
Hostile-敌对	Disliking-讨厌	眉毛倾斜向上扬起	眼睛睁大/倾斜，凹口朝上	嘴角大幅朝下	字母符号
	Anger-生气	眉毛倾斜向上扬起	眼睛睁大，凹口朝上	嘴角大幅朝下	十字生气符号
	Hate-憎恨	眉毛倾斜向上扬起	眼睛睁大，凹口朝上	嘴角大幅朝下	怒火

2. 表情迭代设计实例

依据面部表情特征，进行了初版和迭代版表情设计，分别如图 3-10 和图 3-11 所示。

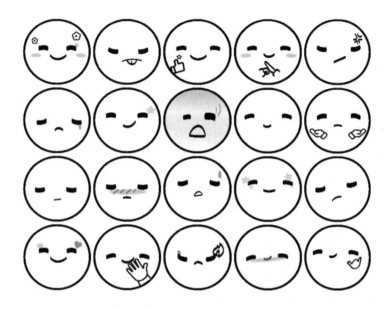

图 3-10　初版表情设计

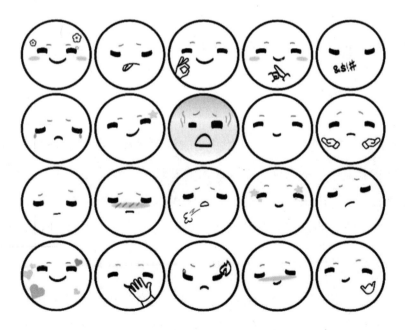

图 3-11　迭代版表情设计

在初版表情设计的过程中，首先对虚拟形象的面部特征元素进行提取，主要包括四个部分：眼睛特征、嘴巴特征、眉毛特征和表情符号特征。根据 24 种情感，参考动画 *Tom and Jerry* 以及迪士尼经典动画作品中角色的表情参数与人脸表情特征之间的映射关系，提取出最符合虚拟形象表情的标志性设计元素。虚拟形象的表情符号设计参考了 Emoji 的视觉情感符号，包括面部表情、手势、功能性符号等。通过用户的熟悉程度对符号形式和含义进行进一步设计，有利于虚拟形象表情设计的整体理解，同时减少驾驶员的认知负荷，减少车内外环境对驾驶员注意力的影响。

本书采用并扩展了 PAD 情感维度的方法来构建面部表情所表达的情感，分析并总结出面部情感特征，将积极、依赖、放松、温和、无聊、轻蔑、焦虑、敌对这 8 个情感维度中 24 种情感进行规律总结，包括眉毛、眼睛、嘴巴、辅助元素等。例如，在积极情感空间下，虚拟形象的眉毛处于水平状态，眼睛微眯或睁大、眼睛凹口朝下，嘴角朝上咧开，并融入红晕、爱心等辅助元素；在无聊的情感空间下，虚拟形象的单个眉毛两端挑起，整体呈八字型朝下，眉间距减小，眼睛眯起或斜视、凹口朝上，嘴角朝下，并融入眼泪、符号等辅助元素，可以更好地帮助情感的传达。

D.House 等人[9]发现眉毛对感知用户语音的重要性作出了很大贡献；Ekman[10]的研究发现眉毛运动与交流有关，且面部情感表达动作的类型在很大程度上取决于眉毛的动态。由此可见，眉毛是面部情感表达设计中不可忽视的元素，故迭代版表情设计在初版表情设计的基础上加上眉毛元素，进一步加强虚拟形象不同情绪的体现。

在迭代版表情设计中加入眉毛的元素，两条眉毛抬高是一种常见的面部表情，当眉毛抬高时，虚拟角色的唤醒度和优势度较高，比如"满意""骄傲"的表情；当眉毛呈八字型向下时，表示愉悦度和唤醒度较低，情绪处于中性或者消极状态，如

"遗憾""放松";当眉毛一边高、一边低时,虚拟角色处于积极情绪与消极情绪之间,"喜爱"表情挑眉和"嫉妒"情绪挑眉表示的含义非常不同;当两条眉毛的间距变小时,大部分代表消极情绪。

实验任务结果证明,迭代版表情设计得到明显优化。眼睛、眉毛、嘴巴的倾斜和上扬幅度越大,唤醒度就越高;融入腮红和表情符号可以有效提升愉悦度和唤醒度;面部非单一颜色可以提升愉悦度和优势度。眉毛是面部表情不可或缺的元素,眉毛能提高用户唤醒度,加入适当语义表情符号对优势度的提升很有帮助。同时,面部特征规范的总结再次得到验证,帮助设计师快速找到设计中的问题并进行迭代。

以面部元素的特征为基础,视觉呈现的形式则能有多种变化,在实验中发现,手势、辅助元素等设计能有效增加机器人虚拟形象的情感辨识度。情感表达设计的规律能有效指导设计师对虚拟形象的面部表达情感设计。

3.5　人工智能系统

3.5.1　智能语音系统

1. 车载语音交互的场景

在汽油车盛行的时期,车内活动仅限于驾驶员和乘坐人之间的交流、听广播或CD。但随着互联网和移动互联网时代的到来,车内装载 4G 联网的中控屏后,人们开始流行看导航、看视频等活动。未来,随着智能车机、辅助驾驶和自动驾驶技术的进一步应用,车内活动将获得更大的拓展和解放。车内活动内容将与具备特定智能的联网中控台进行更多样的交互,并成为一种新趋势。根据现有的车内活动和车内人机交互情境，车载语音交互的场景主要包括两个方面。

1）车内硬件设备的语音交互操控

① 与驾驶有关的，例如定速巡航、导航控制、辅助驾驶、智能泊车等；

② 与乘坐有关的，例如座椅调节、空调换风、电加热等；

③ 与车体有关的，例如门窗控制等。

2）车机系统或软件内容的语音交互操控

① 与系统有关的，例如菜单调取、蓝牙配对等；

② 与内容有关的，例如地图查询、音视频播放等。

无论是哪一种交互，最可能的发展路径，必定是延续当下移动设备、中控屏或车机系统已经具备的操控方式或使用方式，进一步通过语音方式解放驾驶员或乘车人使用双手进行操作的约束，以提升便捷性或易用性为目标，实现场景落地。

以导航为例，从互联网时代进入移动互联网时代，车内导航的方式历经了从中控屏装载导航地图，到通过手机 App 导航的过程。驾驶员放弃了面积更大的中控屏，转而追求小屏幕，其原因是车内中控联网尚不成熟，流量收费不够便宜，且通常不包含在中控配套功能中。在移动设备推广的初期，"节流"是所有 App 追求的目标之一。导航地图类 App 甚至一度推荐使用离线地图。

在 2014 年以前，相比移动设备上的导航地图，中控屏有如下劣势：

（1）多数不能联网，因此无法做到地图快速更新。但随着城镇化的发展，市政道路的优化和变化如影随形，无法快速更新的地图数据意味着驾驶员在使用时，会经常遇到"路图不符"的情况，导航也就失去了意义。

（2）车内中控屏的 OS 标准不统一，使得中控屏内导航地图数据的手动更新极为不便，对一般人而言属于"技术活"，更新难度大，中控屏的导航地图优势越来越不明显。

（3）大部分中控屏产品使用的是电阻屏，主要原因是成本相对较低。受限于触控屏质量以及触控方式的影响，中控屏作为一种屏显菜单供驾驶员使用或许并不难用，但对于导航地图这类需要一定交互操作的应用，中控屏在操作方面的不便降低了体验效果。

在移动设备爆发式增长之后，大部分驾驶员普遍乐意并习惯于采用移动设备进行导航。这种习惯延续到今日，即便在当下，大部分价格在人民币 10 万元以上 20 万元以下的家用和商用车型都配备了 4G 联网中控台之后，其自带的导航地图仍不是大多数驾驶员的首选。随着车载中控的智能化发展，结合 4G/5G 网络的广泛接入，屏幕导航这类最基本的乘驾服务会迎来新的春天。从市场实际情况来看，价格在人民币 20 万元以下的车型搭载移动设备端常见的地图类、音视频类 App 的情况已趋于常态。

2. 语音交互技术架构基础

在传统的车机控制交互过程中，交互主要通过物理按键、触屏等实现，每一个车机系统的可操控单元都对应着一个或一组物理按键，或者对应以中控屏为基础的虚拟按键。

从早期汽油车的少量物理按键组合，到汽油车鼎盛时期的大量物理按键组合，车身、车机功能的极大丰富也造成了物理按键排布、虚拟按键菜单层级构建的复杂化。不同品牌车型在方案兼容、对不同驾驶员操控习惯的适应方面，经历了漫长的演化过程。

在语音交互技术获得广泛应用的背景下，通过语音发送指令等同于软硬按键的操控，为驾驶员提供了极大的便利。日趋丰富的配套功能得到了进一步释放，大大拓展了"车内场景"在商业上的想象空间。

在车内场景下，语音交互技术的目标主要着眼于通过声音表达指令意图，从而实现对车机系统或 App 的控制。在这类场景应用下，前端交互界面从传统的物理按键和虚拟按键，转变成了围绕"语音识别""自然语言理解与意图理解""自然语言文本合成""人工合成语音"等相关智能技术的应用。

系统化的语音交互控制实施过程如图 3-12 所示。

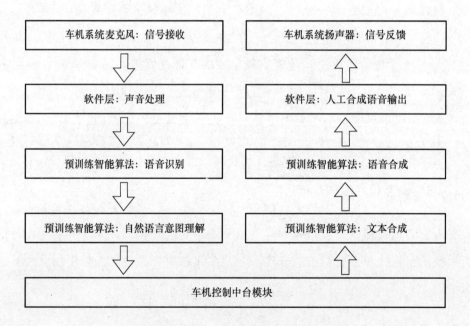

图 3-12 系统化的语音交互控制实施过程

"交互"本身，已经定义了从指令信号发起，到系统处理输出反馈信号的一整套必要过程。

相比通过物理按键+排线布线，以物理方式和电信号控制车机和中控系统，或基于触屏介质通过虚拟按键以系统消息和接口通信控制中控系统，语音交互技术的实现需要融合硬件、软件、智能算法、车机控制系统、OS 系统及接口层。这对整车系统的稳定性和可靠性提出了更高要求。

3. 需要解决的问题与部分案例

语音交互技术在车载场景下的落地，首先需要了解车载场景下，技术实现需要解决的需求。

1）语音识别（ASR）技术模块

（1）首先要解决的是区分驾驶员的自然语言和指令意图语言。目前有两个常见的实施方向，一个是基于"语音唤醒词"，通过声音直接唤醒语音识别的"等待输入"；另一个采用传统物理按键的方式，在方向盘上增加唤醒按钮。唤醒词的应用目前在头部品牌的电动车车型上已经比较普遍，近几年上市的电动车车型基本支持通过语音唤醒车机智能助手的功能。

（2）声音识别的时间边界。在以往的手机智能语音助手应用中就已经面临同样问题，即从什么时刻开始和什么时刻终止识别用户的语音表达。很容易出现的一种情况是，发送指令人的"抢说"导致实际接收到的有效音频数据缺失，以至于最终形成的指令文本缺少部分实体或关键的意图内容。适当调整语音识别应用方案，将会大幅提升用户的交互体验。

（3）面对不同口音、语速、发音清晰度，当前大多数的语音识别模型仍基于朗读式语音数据集进行训练，在实验条件和标准发音测试条件下，模型识别的准确率能达到较高水平（约 90%以上），但在客观环境下，不同驾驶员的发音差异、乘驾环境下的背景噪声影响，都会对乘驾过程中的语音指令识别产生较大影响，导致智能助手的最终理解能力（推理程度）远低于实验条件下的数值。一方面，需要从算法层面更多地采用对话式语音数据集对算法模型进行训练，使算法模型更适用于推理自然语言表达下的语音内容。另一方面，通过调整车身硬件的性能，尽可能降低车内空间在行驶过程中的胎噪、风噪等外部噪声，以及提高麦克风收音的指向性，可一定程度上提升收音的清晰度，提升语音识别的质量。

2）自然语言意图理解（NLU）

（1）口语化内容的泛化。驾驶员一般以口语化的表达方式发出指令。口语化表达对于目标事物、实施动作、实施程度等的描述一般比较发散。在实现意图理解之前，首先需要解决的是经由语音识别转换的文本内容的准确度问题。解决该问题，一方面需要在 ASR 层面具备相对完善、持续更新的词库支撑。另一方面需要从 NLP 的角度，通过大量的文本泛化，使智能模块能对相似表达进行识别与区分。任何一方面的短板都会引起对驾驶员指令理解的偏差。

（2）指令意图的边界。各个品牌车企在车机功能上的差异或许并不大，但实现功能的底层逻辑却可能大相径庭。同一意图的表达，在不同的驾驶员之间差异极大，不同车机智能的理解也不一定完全一致。例如"打开车窗"这一简单的指令，不考虑指令内容本身的复杂性，对于不同品牌车型的 NLU 模块而言，理解和执行的结果可能是完全不同的，取决于算法设计者和产品设计者对语义内涵的定义。

（3）指令响应文本的生成。现阶段在车机智能应用场景下，响应指令的反馈内容通常较为简洁，对于复杂交互场景，单调的响应内容无法满足持续的、多轮语音交互的实际需求。语音交互的人机对话必将向更符合日常交流的上下文语境场景发展。

3）人工合成语音（TTS）

（1）自然、个性化发音。具备自然、个性化发音的语音合成技术可以让语音更加生动、富有情感，提升用户的亲和感和情感连接。机械式的人工合成语音则会严重拉低驾驶员在使用语音交互功能上的体验预期，且影响驾驶员对于指令执行的信任度和体验。低预期值和低可信度带来的后果是产品功能使用频次的降低，继而拉低产品迭代的客观需求，最终导致车载场景内的可探索性趋于保守。优质的 TTS 语音依赖高时长、多维度的单一音色采集与精细化的数据标注。

（2）多音字的准确发音。中文词汇中多音字在不同语境中的发音是个常见问题。在宽泛的语境中确保常见多音字的正确发音，是体现语音交互品质细节的重要因素。多音字发音问题依赖于文本内容的语境理解（NLU）和正确的 TTS 输出。

（3）多语言和方言发音。驾乘人员可能来自不同的地区和文化背景，TTS 需要支持多种语言和不同口音的输出，以满足不同用户的需求。这涉及多语言数据集的收集和语音合成模型的跨语言适应能力。

4．数据准备

车载场景因其复杂性（或未来趋于复杂的必然性），其在处理语音交互内容上的推理模型是多维的，甚至未来可能是多模态的。因此在对应模型的训练数据与测试数据方面，潜在的需求量庞大、需求的细节维度多样化。

从唤醒词类的相对简单的需求，到意图理解的相对复杂的需求，都需要定向的、可靠的数据采集以及能够支撑高精度、大规模生产作业的生产流程与生产工具支持。

现阶段，为实现车载场景语音交互的应用，汽车制造企业需要与人工智能领域上游企业从数据、算力，到系统平台、车载软件方面协同合作。

面向车载场景语音交互技术的音频、文本结构化数据的准备，不仅是车企的诉求，同样也是各类数据服务商需要面对的市场客观变化。

训练与测试数据集的结构化标准，需要由车企从需求的角度、数据服务商从数据的角度，协同制定。数据的生产，则需要有产流高效、支持多端协同、支持数据QC，以及能够支撑多样化标注方式的数据采集标准平台。

对于多样化的口语、语速、背噪等客观影响因素，应采用对话式音频数据进行模型训练。

5. 相关模型

1）语音识别相关技术

语音识别模型的开发离不开相关的语音识别工具，根据语音识别技术的演进，语音识别工具也在不断迭代更新。HMM-GMM 时代，2000 年前后采用的语音识别工具是由李开复、黄学东等人开发的 Sphinx，以及 Steve Young 等人开发的 HTK。HMM-DNN 时代基本使用 Kaldi 进行开发，起源于 2009 年约翰霍普金斯大学夏季研讨会，后主要由 Daniel Povey 维护，是目前全球应用最广泛的语音识别工具。近些年得益于深度学习技术的发展，语音识别技术进入了端到端时代，目前涌现了很多基于 TensorFlow 或 PyTorch 等深度学习框架的语音识别工具包，如 ESPNet、SpeechBrain、WeNet、K2 等。

目前主流的语音识别工具是 Kaldi、ESPNet、WeNet。其中，Kaldi 的优点是易于产品化、工程和代码质量高、技术文档优秀、社区活跃，缺点是不支持端到端、学习曲线陡峭。ESPNet 与 Kaldi 出自同一个实验室，其优点是继承了 Kaldi 的各种数据处理形式，同时支持语音增强、语音合成、语音翻译等，但由于兼容的内容多，导致代码复杂，产品化较难。WeNet 是目前工业界主流的开源端到端语音识别工具之一，主要面向工业落地应用。

目前在工业落地应用方面通常会有两种选择，一种是采用 Kaldi 作为语音识别引擎，对 Senone（音素）级别建模，采用 Chain 模型进行语音识别模型的训练，最后结合 FST（Finite State Transducer，有限状态转换器）得到语音识别模型。另一种是采用 WeNet 作为语音识别引擎，对 Char（字）级别建模，采用 CTC（Connectionist Temporal Classification，连接时序分类）+ Conformer 的方式训练得到语音识别模型，该方式也可以使用 FST 实现结合语言模型解码的语音识别。

2）自然语言处理相关技术

自然语言模块涉及语义理解、对话管理和应答生成。语义理解实现提取语音识别出的文本意图和关键信息，通常采用正则的方式实现，目前基于自然语言预训练模型如 Bert、GPT-3 等也可用来实现 Seq2seq（序列到序列）的标注，帮助提取关键信息。对话管理实现基于语义上下文生成后续系统执行动作，通常采用填槽规则的方式实现。应答生成功能生成自然语言应答，目前基于自然语言预训练的模型可以实现文本生成，但可控性差，生成的内容可能不是预期的，因此工业落地应用基本采用规则模板的方式。

3）语音合成相关技术

TTS（Text-to-Speech，语音合成）即生成文字对应的语音信号，主要包括 3 个模块：前端文本处理、声学模型和声码器（Vocoder）。首先前端文本处理将原始的文本转换为字级或者音素级，然后通过声学模型将字或音素转为声学特征，声学特征如线性梅尔谱、梅尔谱和 LPC（Linear Prediction Coefficient，线性预测系数）等。最后，通过声码器将声学特征转换为波形。

目前主流声学模型有 Tacotron2、TransformerTTS 和 FastSpeech2 等，其中 Tacotron2 是 Tacotron 的改进版，FastSpeech2 是 FastSpeech 的改进版。声码器根据技术实现方式的不同可以分为回归类（Autoregression）的 WaveNet、WaveRNN 和

LPCNet 等；流式（Flow）的 WaveFlow、WaveGlow、FloWaveNet 和 Parallel WaveNet 等；GAN 类别的 WaveGAN、Parallel WaveGAN、MelGAN、Style MelGAN、Multi Band MelGAN 和 HiFi GAN 等；扩散概率模型的 DiffWave 和 WaveGrad 等。上述声学模型和声码器都可以合成比较自然的语音，但须根据应用场景和设备选择合适的模型。通常声学模型采用 Tacotron2，声码器采用 LPCNet，可以达到比较理想的效果。

6．未来挑战

车载场景下的语音交互虽然只是未来车型为驾驶员提供的交互方式之一，但很可能会是最为重要的。汽车的漫长发展历史证明，早期的汽车是机械技术与可燃能源技术协同的成果，现代汽车是机械技术、电子技术、能源技术协同的成果，而当代汽车则是机械技术、电子技术、数字技术、智能技术、新能源技术协同的产物。技术融合的要求越高，对于边缘领域人才的要求就越高，这也意味着新技术迭代的周期会相对更长。

从单一领域技术的角度来看，造车、数字化或新能源等领域的专精人才储备和技术深度已较成熟。但是，车载场景内的语音交互技术需要跟随造车新技术的升级而迭代。预计在未来的较长时间里，车载场景的语音交互技术仍将出现更多创新性的亮点。

3.5.2　视觉智能

车载机器人的视觉智能是车载机器人的核心功能之一。视觉智能的实现离不开车内摄像头的作用，通过对光学数据的处理和人工智能算法的运用，车载机器人能够实现很多高级功能，如人脸识别、情绪识别、物体识别等。

人脸识别是车载机器人视觉智能中的一个经典应用，主要分三个步骤实现：人脸检测、面部特征点定位和特征提取与分类。人脸检测是指通过分析图像中的人脸，确定人脸的位置和大小。面部特征点定位是指确定人脸的关键点，如眼睛、嘴巴、鼻子等。特征提取与分类是指通过比对面部特征点，识别出具体的人脸信息。

基于人脸识别相关算法，车载机器人可以实现驾驶员身份识别、疲劳驾驶侦测、情绪分析等功能。在驾驶员身份识别方面，车载机器人可以通过人脸识别技术，判断驾驶员的身份，保证车辆的安全性。在驾驶员疲劳驾驶侦测方面，车载机器人可以通过检测驾驶员的眼睛、头部姿态等，来判断其是否疲劳驾驶，保障驾驶员的健康和安全。在情绪分析方面，车载机器人可以通过分析驾驶员的表情、语音等，来识别人的情绪状态，为提高驾驶员的体验和安全性提供保障。

尽管车载机器人的视觉智能在人脸识别等方面已经取得了很大的进展，但是由于车载环境的特殊性，车载机器人的视觉智能仍然存在很多挑战。例如，车载环境的光线条件往往比较复杂，摄像头的位置和角度也不稳定，这些因素都会影响视觉传感器的采集效果和数据质量，从而影响视觉智能的表现。为了提高车载机器人的视觉智能，算法优化、硬件改进等方面是车载机器人设计开发的一项重点。

3.5.3　行为习惯学习

随着车辆自动化和智能化的发展，车载机器人作为人工智能技术在汽车行业的应用之一，不仅能够为驾驶员提供基本的信息查询、音乐播放等功能，还能够通过主动交互式服务，提供更加智能化的驾乘体验。主动交互式服务，是指车载机器人通过对用户的需求进行感知和识别，主动向用户提供服务。这种服务方式免去了用户寻找环境，减少了信息处理量和视线转移次数，可以提高用户的使用体验，同时也更加符合驾驶员的使用需求。主动交互式服务的特点与车载场景的需求具有极高的吻合度，是人车交互发展的重要方向。

车载机器人的主动交互式服务涉及多方面技术，其中最关键的是人工智能模型的决策。通过增强车载机器人的情景感知、意识感知和情绪感知能力，使得机器人可以更加精准地感知和理解用户的需求，并根据用户的行为习惯和语言习惯提供更加个性化的服务。这样的主动交互式服务需要不断更新和学习用户的行为习惯，因此需要采用轻量化、不依赖云端、可连续训练学习的人工智能算法。

车载机器人的应用场景更加注重个性化习惯的学习、记忆和预判，系统数据需要实时更新，具有"千人千面、服务找人"的特点，且发展趋势越来越明显。其中，用户行为习惯的学习、记忆和预判具有非常广阔的应用前景。随着时间的推移，用户的行为习惯数据会不断变化，反映出用户在不同时间段内的偏好和行为模式的演变。这种时变性使得对数据进行及时分析和预测变得尤为重要。用户行为习惯数据的增长是持续的，随着用户与车辆的交互不断发生，数据量也在不断积累。这种持续增长的数据为深入理解用户行为和提供个性化的服务提供了丰富的信息资源。此外，用户行为习惯数据是多维度的，涵盖了人、车辆和环境等多个方面的数据。通过综合分析这些多维度数据，可以更好地理解用户的需求和行为背后的驱动因素，从而为用户提供更加精准和个性化的服务和建议。因此，基于智能车载机器人，利用轻量化、不依赖云端、可连续训练学习的人工智能算法赋能，实现驾驶员车控车设、语料新增自定义、情感识别计算等方面的行为习惯学习、记忆和预判，是实现车载机器人真正主动交互式服务的关键。

深度神经网络和学习已经在许多领域得到应用，并在大规模数据处理上取得了突破性的成功。虽然深度神经网络功能非常强大，但训练过程非常耗时。其中主要的原因是，深度神经网络结构复杂且涉及大量的超参数。这种复杂性使得在理论上分析其深层结构变得极其困难。另外，为了获得更高的精度，深度神经网络模型不得不持续地增加网络层数或者调整参数个数。因此近年来，为了解决上述问题，一系列如何以提高训练速度为目的的神经网络以及相应的结合方法逐渐引起人们的关注。宽度学习系统（Broad Learning System，BLS）是一种新型机器学习模型，因其结构简单，对系统算力要求低，可较有效解决深层结构的限制，同时保证效率和精度的最优，在实际应用中，宽度学习系统最大的优点是可以部署在低算力的嵌入式平台，并应用到个体化记忆系统中。

宽度学习系统（BLS）是一种基于将映射特征作为输入的思想而设计的系统。它具有高效的特点，可以在新加入数据时进行增量学习。BLS 首先将输入数据映射的特征作为网络的"特征节点"，然后将这些特征加强为随机生成权重的"增强节点"，最后将它们与输出端直接连接。输出系数可以通过 Pseudo 伪逆快速计算得出。为了扩展特征节点和增强节点，BLS 还包括对应的宽度学习算法。如果需要扩展网络结构，BLS 还提供了快速增量学习算法，无须进行完整网络再训练。[11]

宽度学习系统（BLS）具有逼近性优秀、算法快速的优点，因此在智能控制方面应用广泛。特别是在大数据时代，当系统收集到新的输入数据时，可以在短时间内直接对节点进行更新，保证了系统的完整性。BLS 主要应用于智能控制环境中的实时更新学习，例如在车载人机交互环境中形成相关的习惯记忆。本书已经初步将 BLS 部署在车载嵌入式平台上，并在车载机器人及其人机交互系统中进行了实际的应用实现。这种基于宽度学习结构的增量学习算法，通过汽车 CAN 通信网络、车机系统等渠道进行数据采集，由 CAN 信号、用户行为数据、场景环境数据以及用户车内操控数据等构成输入参数进行训练，构建了短期、中期、长期时间表以适配车内不同场景特点。通过该算法可连续地在本地硬件上学习、记忆驾驶员的驾驶习惯，预判并帮助驾驶员主动进行车辆车设、语料新增、情感识别交互等，提升驾车体验。基于宽度学习算法的驾驶员行为习惯学习系统如图 3-13 所示。

为了实现车载机器人的主动交互式服务，需要将其与车辆的其他系统进行融合，获取更多的数据。例如，车载机器人可以与车辆的导航系统、车载娱乐系统等进行连接，从而提供更加丰富的服务。此外，车载机器人还可以通过与其他车辆或者智能交通系统进行连接，实现更加高效的驾驶和出行体验。车载机器人的主动交互式服务将成为未来汽车行业发展的一个重要方向，有望为驾驶员带来更加智能化、个性化的驾乘体验。

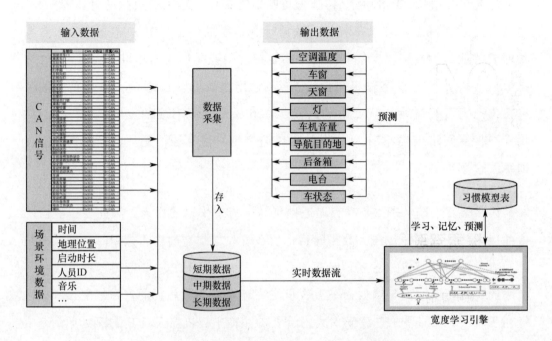

图 3-13　基于宽度学习算法的驾驶员行为习惯学习系统

04 用户调研

4.1 探索驾驶员对实体形态的车载机器人的偏好及情感特点

1）调研目的

在相同功能场景下，将实体形态的车载机器人与中控屏幕上的虚拟形象（屏幕形态）车载机器人进行对比，了解驾驶员对于不同形态的车载机器人的偏好及情感交互联系。

2）具体说明

调研采用情景访谈的形式，让受访者体验不同形态的车载机器人的功能，并接受有关使用偏好、空间位置、情感体验的访谈。选取车载机器人典型的功能场景，如上车问候、车机控制、导航、多媒体调节等。在每个场景任务中，被试者驾驶车辆行驶在路面上分别与实体和屏幕形态的车载机器人进行指定内容的语音交流，语音交流内容以文字的方式粘贴于方向盘上用于提醒驾驶员。每个场景任务结束后，进行访谈。不同形态的车载机器人实验材料如图 4-1 所示。

图 4-1　不同形态的车载机器人实验材料

3）访谈结果

实体形态的机器人因其更强的陪伴感与清晰可感的反馈等特色让驾驶员对其有更大的偏向性。

从被试者访谈中得知，屏幕形态的车载机器人对于被试者来说更熟悉，且更符合驾驶员平时的使用习惯；而实体形态的车载机器人因没有屏幕的辅助而单纯依靠语音交流获取信息，所以在功能方面被试者会对屏幕形态的车载机器人有一定偏向。但也有部分被试者提及，屏幕形态的车载机器人占据中控屏幕一定空间，可能会影响中控屏幕操作的功能效率，同时屏幕形态的车载机器人的表情动作在驾驶时不容易被注意到；而实体形态的车载机器人在车内空间有体量感，其反馈更为清晰可感。

在车载机器人的空间位置方面，被试者认为现在的摆放位置（仪表台中央）比较合适。被试者希望车载机器人放在一个自己在驾驶时能够及时看到或通过余光注意到的位置，但同时不会干扰驾驶视线，不会过度吸引驾驶员注意力。车载机器人摆放位置除了使驾驶员本身可以注意到，同乘人员也可以看到。考虑到个别被试者提出希望车载机器人可以触摸的期望，车载机器人的位置也可考虑在驾驶员方便触摸的范围之内。对于车载机器人的尺寸大小，一部分被试者表示实验中的车载机器人尺寸略微偏大，希望机器人更加小巧灵动。

在情感体验方面，被试者对于实体形态的车载机器人有较大的倾向性。从访谈中得知，实体形态的车载机器人更为可爱生动，有陪伴感，方便迅速拉近和驾驶员的情感距离；同时实体形态的车载机器人可感可触摸，增加了互动的丰富性和趣味性。总体来说被试者更偏向于实体形态的车载机器人。

同时，被试者对实体形态的车载机器人给予了一些建议：

（1）增加表情与造型的可爱程度，同时增加车载机器人的装饰与可变性，提升趣味感；

（2）增强如拍打、触摸的多种互动方式；

（3）与中控连接应更为紧密、一体化；

（4）注意车载机器人被阳光暴晒的问题；

（5）车载机器人最好不要过于分散驾驶员的注意力。

4.2　功能场景调研

1）调研目的

将驾驶者置于车载机器人的功能场景下，探索车载机器人常用功能的特点，了解驾驶员对车载机器人的使用感受和情感倾向。

2）具体说明

调研采用评测与访谈相结合的方式，使用虚拟三维车载机器人动画模拟车载机器人的使用场景，邀请被试者对车载机器人与场景进行评分，同时针对评测中的功能场景与车载机器人的原型和情感表达等方面进行访谈。

3）场景

调研所使用的 10 个大场景下设 25 个小场景，选自桌面调研中的典型场景。这些场景形成连贯的 10 个任务阶段，通过脚本的形式形成对话，方便情景的模拟和展开。10 个大场景分别为导航、多媒体、车机控制、通信、情感陪伴、驾驶监控、安排提醒、娱乐互动、生活服务和无法识别，具体内容如表 4-1 所示。

表 4-1　调研相关场景

大场景	功能场景	场景描述	行为主动方
导航	定位导航	驾驶者输入某目的地，车载机器人回应并控制相应设备显示导航，告知驾驶者实时交通与地图数据	人
	预测目的地	车载机器人根据驾驶者出行数据记录驾驶者习惯，预测出行目的地并推荐给驾驶者	车载机器人
多媒体	音乐/电台/视频/新闻资讯	驾驶者输入打开音乐/电台 FM/音频/视频/新闻等多媒体指令，车载机器人回应并执行	人/车载机器人
	切歌	驾驶者选择切歌，车载机器人回应并切换歌曲	人
	调节音量	驾驶者选择调节音量，车载机器人回应并帮助调节音量	人
车机控制	停车	车载机器人提醒驾驶者即将到达目的地做好自动泊车的准备	车载机器人
	空调/车窗/座椅/车灯/后视镜等的控制	驾驶者发出调节空调/车窗/座椅/屏幕/车灯/后视镜的指令，车载机器人回应并控制相应硬件	人/车载机器人
通信	电话	车载机器人询问驾驶者来电是否接听。驾驶者向车载机器人发出打电话指令，车载机器人回应并执行	人/车载机器人
	消息	车载机器人告知驾驶者收到消息并询问是否朗读。驾驶者向车载机器人发出发消息指令，车载机器人回应并执行	人/车载机器人

（续表）

大场景	功能场景	场景描述	行为主动方
通信	收发定位	车载机器人告知驾驶者收到定位并询问是否前往。驾驶者向车载机器人发出发送定位指令，车载机器人回应并执行	人/车载机器人
情感陪伴	上车问候	车载机器人感知驾驶者上车，主动向驾驶者发出问候	车载机器人
	自我功能推荐	车载机器人向驾驶者作自我介绍并根据驾驶者习惯向驾驶者推荐相关功能	车载机器人
	闲聊	驾驶者和车载机器人对话聊天	人/车载机器人
	默认状态	车载机器人在不与驾驶者发生互动时呈现的状态	车载机器人
	触摸互动	驾驶者触摸车载机器人，车载机器人作出互动回应	人
驾驶监控	驾驶行为监测	车载机器人监测驾驶者驾驶行为并对异常行为作出提醒	车载机器人
	路况提醒	车载机器人根据路况实时信息提醒驾驶者交通状况	人/车载机器人
	疲劳检测	车载机器人感知驾驶者疲劳（精神/生理）状态，给予提醒与帮助	车载机器人
安排提醒	日程安排与提醒	驾驶者告知车载机器人日程安排，车载机器人作出回应并在特定时间或地点进行提醒。车载机器人获取驾驶者的备忘录等信息，提醒驾驶者一些生活事项安排或重要纪念日等	人/车载机器人
	车辆数据提醒	车载机器人在需要的时候提醒驾驶者车辆相关数据（油量、电量等）	车载机器人
娱乐互动	拍照	驾驶者发出拍照指令，车载机器人回应并拍照（拍车外风景）/调用车内摄像头监控孩子安全等	人/车载机器人
生活服务	地点推荐	车载机器人根据沿途地标与车机状况推荐相关地点、服务等	车载机器人
	联动智能家居	驾驶者向车载机器人发出控制智能家居指令，车载机器人回应并联动智能家居	人/车载机器人
	停车指引	车载机器人向驾驶者提供目的地附近的停车位等相关信息	车载机器人
无法识别	无法准确识别驾驶者语义/超出自身功能范围	车载机器人在无法理解驾驶者语义或驾驶者指令超出自身功能范围时，作出一定回应并给驾驶者提供下一步建议	车载机器人

1. 原型设计

为了配合调研的开展，对车载机器人进行了初步的原型设计（如图 4-2 所示），并同时对原型进行了三维模型的构建与动画渲染，使其满足实验场景的需要。

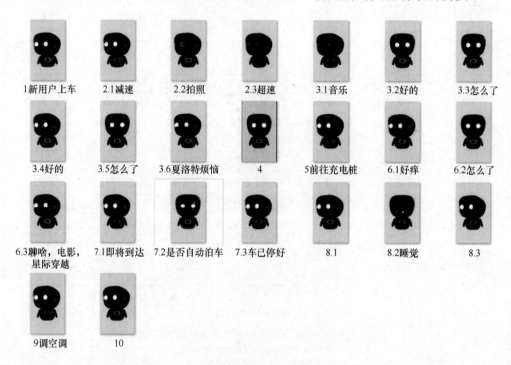

1新用户上车	2.1减速	2.2拍照	2.3超速	3.1音乐	3.2好的	3.3怎么了
3.4好的	3.5怎么了	3.6夏洛特烦恼	4	5前往充电桩	6.1好痒	6.2怎么了
6.3聊啥，电影，星际穿越	7.1即将到达	7.2是否自动泊车	7.3车已停好	8.1	8.2睡觉	8.3
9调空调	10					

图 4-2　车载机器人原型设计

示例 1：超速场景，如图 4-3 所示。

图 4-3　超速场景

红灯警告、双臂张开

- 机（器人）：测到您超速了哦，前方限速三十。

示例2：闲聊场景，如图4-4所示。

图4-4　闲聊场景

蓝灯闪烁、喜悦

- 机：好呀，聊点什么呢？

- 机：你喜欢什么类型的电影？我可以为你推荐几个。

- 机：或许你可以试试看《星际穿越》。

2. 过程描述

1）参与者

本次评测招募了9名参与者（其中男性7名，女性2名）进行实车实验（其中

1 名参与者为无效被试者），下文以 P1、P2 至 P8 代表 8 位有效被试者。

2）评测材料

5 座乘用车、平板电脑、虚拟三维车载机器人原型动画和访谈问卷量表及录音设备等。

3）评测任务

被试者需要在保证安全驾驶的前提下，配合实验人员完成与车载机器人的互动任务，共有 10 个任务阶段（大场景），包含 25 个功能场景（小场景）。在每个场景下，被试者需要根据测试人员提供的纸条上的语句与车载机器人进行互动和对话。测试人员会在整个实验过程对被试者进行记录，每个任务阶段结束后完成一份关于场景和车载机器人的满意度量表，并针对实验的功能场景与车载机器人的原型和情感表达等方面进行访谈。

4）数据说明

实验主要采集一些主观数据，具体描述如下。

- 场景合理程度：评分范围 1～5（5 级量表），从 1 到 5 合理程度逐渐提高。

被试者根据实际生活中的驾车经验，对实验中设定的功能场景进行合理程度的评分。

- 场景出现频率：评分范围 1～5（5 级量表），从 1 到 5 出现频率逐渐提高。

被试者依据实际生活中的驾车经验，评估该场景在其生活中出现的频率高低程度，依次进行打分。

- 场景/功能重要性：评分范围 1～5（5 级量表），从 1 到 5 重要性逐渐提高。

被试者依据实际生活中的驾车经验与自身的认知,评估该场景在其驾驶中的重要性,并依次进行打分。

- 对车载机器人的满意程度:评分范围1～5(5级量表),从1到5对车载机器人的满意程度逐渐提高。

被试者在完成一个任务阶段后对该阶段下特定功能场景的车载机器人的表现进行满意度打分。

- 对车载机器人的需求程度:评分范围1～5(5级量表),从1到5对车载机器人的需求程度逐渐提高。

被试者依据实验过程中的体验感受与自身的认知,考虑该场景下对车载机器人的需求程度,并对此进行打分。

4.3 调研结果

4.3.1 场景评分情况

1)大场景综合评分

大场景综合评分图如图4-5所示。本书对10个大场景进行基于合理程度、出现频率及重要性的综合评分,得出综合排序,该排序与被试者的访谈记录描述相吻合。被试者认为驾驶安全是最重要的,其次是驾驶中任务操作的便捷程度。因此,车机控制和驾驶监控两项均得到比较高的评分,生活服务、导航、通信等的评分排在上述两项后面,而对于娱乐互动,有的被试者认为不是驾驶的必需项,因此评分排名靠后。

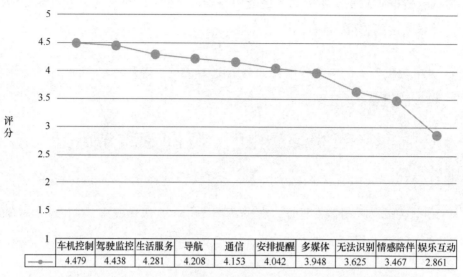

图 4-5　大场景综合评分图

2）小场景评分

小场景评分如表 4-2 所示，采用的是 10 个大场景下分的 25 个小功能场景。

表 4-2　小场景评分

大场景	小功能场景	场景描述	行为主动方	出现频率	重要性	对车载机器人的需求程度
导航	定位导航	驾驶者输入某目的地，车载机器人回应并控制相应设备显示导航，告知驾驶者实时交通与地图数据	人	★★★	★★★	★★★
	预测目的地	车载机器人根据驾驶者出行数据记录驾驶者习惯，预测出行目的地并推荐给驾驶者	车载机器人	★★	★★	★★
多媒体	音乐/电台/视频/新闻资讯	驾驶者输入打开音乐/电台 FM/音频/视频/新闻等多媒体指令，车载机器人回应并执行	人/车载机器人	★★★	★★★	★★★

66

（续表）

大场景	小功能场景	场景描述	行为主动方	出现频率	重要性	对车载机器人的需求程度
多媒体	切歌	驾驶者选择切歌，车载机器人回应并切换歌曲	人	★★★	★★★	★★★
	调节音量	驾驶者选择调节音量，车载机器人回应并帮助调节音量	人	★★★	★★★	★★
车机控制	停车	车载机器人提醒驾驶者即将到达目的地做好自动泊车的准备	车载机器人	★★★	★★★	★★★
	空调/车窗/座椅/车灯/后视镜等的控制	驾驶者发出调节空调/车窗/座椅/屏幕/车灯/后视镜的指令，车载机器人回应并控制相应硬件	人/车载机器人	★★★	★★★	★★★
通信	电话	车载机器人询问驾驶者来电是否接听。驾驶者向车载机器人发出打电话指令，车载机器人回应并执行	人/车载机器人	★★★	★★★	★★★
	消息	车载机器人告知驾驶者收到消息并询问是否朗读。驾驶者向车载机器人发出发消息指令，车载机器人回应并执行	人/车载机器人	★★	★★★	★★
	收发定位	车载机器人告知驾驶者收到定位并询问是否前往。驾驶者向车载机器人发出发送定位指令，车载机器人回应并执行	人/车载机器人	★★	★★★	★★★
情感陪伴	上车问候	车载机器人感知驾驶者上车，主动向驾驶者发出问候	车载机器人	★★	★★	★★
	自我功能推荐	车载机器人向驾驶者作自我介绍并根据驾驶者习惯向驾驶者推荐相关功能	车载机器人	★	★★	★★
	闲聊	驾驶者和车载机器人对话聊天	人/车载机器人	★★	★★	★★
	默认状态	车载机器人在不与驾驶者发生互动时呈现的状态	车载机器人	★★★	★★	★★★
	触摸互动	驾驶者触摸车载机器人，车载机器人作出互动回应	人	★★	★	★★

（续表）

大场景	小功能场景	场景描述	行为主动方	出现频率	重要性	对车载机器人的需求程度
驾驶监控	驾驶行为监测	车载机器人监测驾驶者驾驶行为并对异常行为作出提醒	车载机器人	★★★	★★★	★★★
	路况提醒	车载机器人根据路况实时信息提醒驾驶者交通状况	人/车载机器人	★★	★★★	★★★
	疲劳监测	车载机器人感知驾驶者疲劳（精神/生理）状态，给予提醒与帮助	车载机器人	★★★	★★★	★★★
安排提醒	日程安排与提醒	驾驶者告知车载机器人日程安排，车载机器人作出回应并在特定时间或地点进行提醒。车载机器人获取驾驶者的备忘录等信息，提醒驾驶者一些生活事项安排或重要纪念日等	人/车载机器人	★★	★★★	★★★
	车辆数据提醒	车载机器人在需要的时候提醒驾驶者车辆相关数据（油量、电量等）	车载机器人	★★★	★★★	★★
娱乐互动	拍照	驾驶者发出拍照指令，车载机器人回应并拍照（拍车外风景）/调用车内摄像头监控孩子安全等	人/车载机器人	★	★	★
生活服务	地点推荐	车载机器人根据沿途地标与车机状况推荐相关地点、服务等	车载机器人	★★★	★★★	★★★
	联动智能家居	驾驶者向车载机器人发出控制智能家居指令，车载机器人回应并联动智能家居	人/车载机器人	★★	★★★	★★★
	停车指引	车载机器人向驾驶者提供目的地附近的停车位等相关信息	车载机器人	★★★	★★★	★★★
无法识别	无法准确识别驾驶者语义/超出自身功能范围	车载机器人在无法理解驾驶者语义或驾驶者指令超出自身功能范围时，作出一定回应并给出驾驶者下一步建议	车载机器人	★★	★★	★★

4.3.2 场景分类

根据实车调研与访谈结果，以驾驶需求程度和该场景下对车载机器人的需求程度为轴建立了场景的优先矩阵，如图 4-6 所示，提取出重要场景、特色场景、辅助场景及一般场景。在重要场景下，驾驶者对驾驶需求和对车载机器人需求的程度都很高；特色场景在本次设计中指的是情感相关场景，在该场景下对车载机器人的需求程度比较高；辅助场景是指车载机器人辅助展示信息和提供帮助的场景，而非主要实现工具的场景。

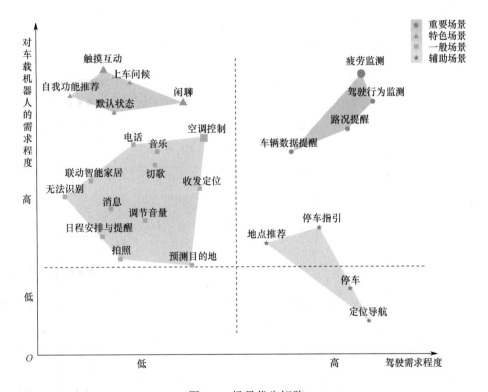

图 4-6 场景优先矩阵

重要场景包括驾驶行为监测、车辆数据提醒等和驾驶安全息息相关的场景，特色场景为情感陪伴，辅助场景为导航相关场景，其他为一般场景。

1）重要场景

驾驶监控、车辆数据提醒：根据实验访谈及场景优先矩阵，被试者普遍更在意驾驶中的安全性，同时也希望车载机器人能为驾驶保驾护航。除新手外的被试者均表示自己出现过驾驶疲劳、开车犯困的情况，需要及时提醒与刺激以保持清醒保证驾驶安全。而新手被试者则普遍表示开车时神经紧张，害怕违反交通规则，害怕无法兼顾车辆和道路状况，也害怕因自己驾驶行为不当发生交通事故。在这些驾驶安全相关场景下，被试者对车载机器人的需求程度最高。

2）特色场景

情感陪伴：主要为闲聊和触摸互动场景，虽然被试者表示特色场景的重要性没有明显高于其他场景，但在此场景下比较需要车载机器人的存在，且与情感车载机器人自身定位贴合度高，后续可作为重要场景考虑。

3）辅助场景

导航相关场景：包括定位导航、停车、停车指引及地点推荐等场景，多数被试者表示导航还是需要看到详细的地图界面才能有安全感，而车载机器人没有足够多的硬件实现条件，因此，考虑将车载机器人作为辅助导航工具的角色，帮助被试者更加轻松方便地获取导航重要信息。

4.3.3 访谈分析

被试者完成车载机器人典型的功能场景互动任务，针对车载机器人的功能和情感表达等方面进行访谈。以下对用户访谈结果进行总结分析，并展示了被试者在接受访谈时部分有代表性的评语。

1）用户心中的车载机器人

① 成熟稳重、温柔体贴。

6/8 的被试者更青睐成熟稳重、温柔体贴的车载机器人来陪伴他们。

成熟稳重的人让我觉得很有安全感。—P4（被试者代号，下同）

喜欢那种像管家一样的，说话时很有礼貌，听我的话。—P5

喜欢稳重一点的，这样显得很可靠。—P8

喜欢说话温柔，很温顺的那种。—P1

② 活泼幽默。

1/8 的被试者更喜欢活泼幽默的车载机器人。

在生活中我就喜欢活泼幽默的人。—P2

③ 听话、礼貌。

1/8 的被试者喜欢听话、恭敬、有礼貌的车载机器人。

我希望它对我恭敬，又彬彬有礼，有英国绅士范儿。—P3

2）车载机器人功能

① 驾驶行为监测和疲劳监测。

6/8 的被试者认为车载机器人对其进行驾驶行为监测、疲劳监测非常有必要。

开车的时候有时候会不知不觉超速，这时候有个车载机器人来提醒我挺好的，希望它多提醒我几次。—P7

开车犯困还挺常见的，它能帮我提提神还挺好的。—P5

新手需要监督和提醒驾驶行为，车载机器人能够代替副驾给我提醒。—P8

我更喜欢它的实用功能，提醒超速、加油很重要，其他的功能有没有都可以。—P2

② 车机控制。

8/8 的被试者认为通过车载机器人控制车内空调、车窗等解放了双手，有助于安全驾驶。

> 动嘴就可以打开空调让我觉得很方便，不用每次都低头看。—P1
> 车载机器人帮我开空调还挺人性化的，这样我就不用自己开了。—P5
> 语音打开空调还是挺安全的，我的眼睛可以一直看着前方。—P8
> 说话不会花费很多时间，比手动开空调更安全。—P4

③ 闲聊、音乐。

3/8 的被试者认为车载机器人与其闲聊、车载机器人为其播放音乐会造成分心。

> 开车的时候我一般会开着导航，分不出心思去听音乐、广播之类的。—P3
> 新手司机上路比较紧张，跟车载机器人闲聊会让我分心，不安全。—P8
> 开车从来不听音乐，也不想车载机器人主动给我放音乐，会干扰我。—P2

④ 娱乐。

5/8 的被试者认为驾驶中玩游戏容易分心。

> 开车的时候我不会玩游戏的，这太不安全了。—P2、P3、P6
> 我不喜欢玩成语接龙，这个费脑子，我也想不到什么成语。—P5
> 开车的时候我的注意力都在路面上，没有精力和车载机器人玩。—P1

2/8 的被试者认为驾驶员不适合在驾车途中玩游戏，但车中的其他人可以和车载机器人玩游戏。

家里的小孩倒是挺喜欢和车载机器人玩的。—P3

自己不会玩游戏，但是有时候和朋友一起出去的时候，倒是可以和车载机器人玩一玩，感觉会很有趣。—P5

1/8 的被试者认为和车载机器人玩游戏可以调节无聊的气氛。

无聊的时候有个小游戏玩也挺不错的。—P3

⑤ 导航、地点推荐、停车指引。

4/8 的被试者认为车载机器人在进行导航、地点推荐、停车指引时应该提供数据支持。

在看不到地图的情况下我不会相信它给我导航的地点是正确的。—P3

我什么都看不到，对于它给我推荐的地点，以及提供的停车指引，我心里没底。—P4

它给我推荐的停车地点会不会离我很远？还是需要看看地图。—P7

⑥ 备忘提醒、收发消息、收发定位。

2/8 的被试者对于车载机器人对其进行备忘提醒、收发消息、收发定位的准确性表示怀疑。

它真能帮我记住那些重要的纪念日吗？—P8

它在发短信还是微信？怎么找到我的联系人？—P4

它是通过微信发的定位吗？我觉得我需要打开手机看一下。—P4

⑦ 自我功能推荐。

3/8 的被试者认为车载机器人在进行自我功能推荐时话太多。

> 它给我推荐电影的时候我都想打断它了。—P8
>
> 自我功能推荐时说的话太多了，不想听下去。—P3
>
> 那些自我功能推荐的东西，听到后面忘了前面，没什么意思。—P7

3）车载机器人情感表达

① 隐私。

4/8 的被试者对于车载机器人知道太多关于自己的信息感到不适。

> 帮我接打电话还可以，但是不能替我收发信息，这意味着它会看到我的消息。—P7
>
> 我习惯安排好自己的日程，不希望它读取我的备忘录来提醒我该干什么。—P2
>
> 我觉得我的备忘录信息和联系人信息会被泄露，这会给我的生活带来很多麻烦。—P3

3/8 的被试者对于车载机器人会带有前置摄像头感到不安。

> 这个车载机器人在通过摄像头检测我有没有犯困吗？我觉得一直面对着摄像头很不自在。—P5
>
> 车对于我来说是个非常安全的地方，它可以监测车辆数据和车外的信息，但是不要监测我的个人情况，这让我有种被监视的感觉。—P7

1/8 的被试者仍愿意让车载机器人读取自己的信息。

> 现在大家用手机联络和分享，方便快捷，车载机器人获取我的个人信息我能够接受。—P6

② 共情。

7/8 的被试者认为车载机器人的情绪应该和驾驶者的情绪一致。

> 我不喜欢它在我专心开车的时候睡觉，我觉得它应该和我"同甘共苦"。—P4
> 开车的时候还是不要让它睡觉，这样我也想睡觉了。—P3
> 开车过程中我如果心情不好，我不希望它来逗我开心，而是希望它和我一起发泄情绪。—P7

1/8 的被试者表示车载机器人只需要实现车机控制功能就够了，不需要有情感。

> 车载机器人和真人还是不一样的，我会和副驾驶聊天，但我永远不会和车载机器人聊天，这样显得很幼稚。—P2

③ 陪伴。

2/8 的被试者表示车载机器人可以起到陪伴的作用。

> 情感是需要慢慢培养的，第一次接触肯定不会产生情感。—P7
> 一个人开车的时候有个说话的对象蛮好的。—P6

④ 交互方式。

6/8 的被试者认为语音交互方式一定要有，触摸和肢体交互方式可有可无。

> 用语音发命令非常方便，至于触摸的话，会在无聊的时候想要去摸一摸。—P3
> 用语音发命令已经比较习惯了，其他的方式有没有都可以。—P5

3/8 的被试者表示只想要语音交互方式,不需要其他交互方式。

> 能动嘴的时候就还是不要动手了。—P7
>
> 语音交互就是为了解放我的双手,为什么还要用到手呢? —P4
>
> 我不会想要去摸一个机器人。—P6

1/8 的被试者担心车载机器人识别不到自己的肢体动作。

> 点头的时候不知道向哪里点头,也不知道它有没有识别到。—P8

⑤ 表情、动作、语言。

表情:7/8 的被试者表示车载机器人表情不够丰富,无法传达情感变化。

> 感觉表情都是一个样子。—P1、P3、P4、P5、P6、P7、P8

肢体:6/8 的被试者表示车载机器人的肢体动作幅度较小,1/8 的被试者认为其肢体动作和言语无关联。

> 它无论说什么都是一个动作,让我觉得它在敷衍我。—P5
>
> 它可以动得更加夸张一点儿。—P7

语言:3/8 的被试者认为车载机器人相对稳重温柔,措辞自然;3/8 的被试者认为车载机器人说话语调太平淡,没有起伏变化。

> 说话没有多少语气词,比较机械。—P6
>
> 它要是说话像郭德纲就好了。—P7
>
> 它的说话方式要和它的性格吻合。—P8

4.3.4　访谈结论

① 机器人在帮助被试者完成驾驶任务方面发挥的作用更大，重要性更加强烈，需要对场景做进一步的细分。

> 在进行停车指引的时候，告知我车位情况和具体的收费情况。—P8
>
> 在推荐加油站的时候，要考虑到我的卡是中石油的还是中石化的，不要随意推荐。—P3

② 与车载机器人玩声控游戏可以缓解无聊气氛，但也容易让被试者分心。

> 有小游戏的话，在无聊的时候玩一玩，也还行。—P8
>
> 作为新手，和车载机器人玩游戏太费脑子了，不太安全。—P4

③ 提升被试者对车载机器人的信任度是被试者和车载机器人产生情感的前提。

> 和车载机器人相处还是有点不适应，这和真人相处完全不同，总觉得和车载机器人之间隔着什么。—P5

④ 有时候无声的帮助让被试者感到更加贴心。

> 希望增加一些预测安全的功能和给生活服务的功能，比如提前把车库门打开。—P7
>
> 提醒超速这个功能挺有必要的，就是希望它能在说话前有个示警，不然会吓到我。—P4
>
> 我觉得在我困的时候它跟我说话不能缓解我的困意，它能帮我通个风就好了。—P3

⑤ 在车载机器人和被试者交互的过程中，被试者有绝对的控制权。

> 我希望它在调节温度前问问我是要吹头还是吹脚。—P3

⑥ 避免让被试者产生被监视的感觉。

> 公交车安个摄像头还比较合理，坐私家车中我不希望自己一直处在摄像头之下。—P7

⑦ 大部分情况下车载机器人要迎合被试者的情绪变化（如快乐、生气、愤怒），但有时候要主动调节被试者的情绪（如悲伤、消极）。

> 我生气的时候它要是劝我不要生气我会更加生气。—P3
> 我消极的时候我不希望它比我还消极。—P4

以上被试者调研设计、调研结果及访谈分析均来自同济大学智能汽车交互设计实验室。

05 HRI 场景行为

5.1 人–机器人交互

人–机器人交互（HRI）是人与机器人之间相互作用的研究。人机交互涉及多学科领域，包括人机交互、人工智能、机器人、自然语言理解、心理学、设计学和社会科学等。HRI 研究的目标是定义人对机器人交互的期望模型，以指导机器人设计和算法开发，从而实现人与机器人之间更自然有效的交互。

随着汽车的功能日益强大，人车交互的内容越来越多，也因此，人机交互设计领域的新技术和新模式快速融合，让人的双手和双眼聚焦在驾驶操作上，同时也要保证其他的操作。语音交互是非常适用于车载领域的一种方式，国内已上市的智能网联汽车基本配备了车载语音助手。

在人车交互系统中，驾驶员的核心注意力必须放在"驾驶"上，不允许进行"沉浸式"交互，但是驾驶员在驾驶时不可能不处理生活和工作问题。HRI 设计是解决这一问题的重要方法之一。车载机器人的 HRI 设计，需要起到以下三个作用。

（1）安全：有效减少用户视线的转移频率。

（2）体验：主动交互，减少用户信息处理量，带来具有信任感、情感化的人机交互体验。

（3）高效：能够为用户提供精准服务，主动记忆和服务，免去用户寻找环节，极大减少用户的信息处理量，构建默契的交互体系。

5.1.1 多模态交互

多模态交互通过语音、触觉、触控、嗅觉、视觉、手势、体感等多种交互，以更接近人和人之间交互的一种方式，使人车交互变得更加自然和轻松，驾驶员、乘客可以通过语音、手势等多种方式为车辆下达指令，而车辆也具备智慧感知功能，能够通过多种信息准确判断用户的意图。在车内多模态交互的研究和设计中，视觉、语音、触觉的交互较为引人注目。

虽然多模态交互能使人机交互更自然，但是每个人的心智资源是一定的，新的内容带来新的心智负荷，因此，研究和设计不同感官之间的平衡关系至关重要。基于"人+场景+模态"体系下的多模态平衡设计是一种相对较优的平衡设计方法。在这个平衡设计过程中，设计人员需要基于不同场景下的任务去拆解用户进行信息处理，主要包括感知、认知、回应三个过程，将不同模态的属性和特征进行数字化设计，寻找人与场景缺失的平衡，建立多模态干扰矩阵，探索场景人物中不同模态之间的平衡关系。

5.1.2 场景行为定义

智能座舱是一个强交互性的领域，不能脱离场景谈交互设计和开发，通过场景行为有机串联，可催生各类交互剧情，给用户带来更好的体验。

场景行为定义的前提是数据的获取，目前智能汽车上可以方便地通过导航、OBD 或者 T-Box 获得车辆位置、时间、路况、车况、用户操作等方面的数据，可以用这些最整齐的数据划分并描述场景。

（1）这些数据可以划分为三个维度：人、车、环境，这里"人"的信息包含驾驶员和乘客的身份、数量、类别；"车"的信息则是通过汽车 CAN 通信网络获取的车况信息；"环境"的信息包括当前的时间、车辆位置、路况、天气等信息。通过这三个维度数据的延伸，可以将场景准确地描述出来，进行不同颗粒度的分类或分层。在具体的场景行为定义过程中，不宜划分得太细，恰到好处的场景分类是使不同的场景之间有显著差异，同时可以用数据准确地描述其权重。

（2）研究不同场景出现的频次、场景的重要性，以及场景下用户群的交互需求，定义每个场景的权重，进而完成基础场景、典型场景、创新场景等的定义和分类。

（3）形成完整的场景库，通过准确、全面、系统的场景行为定义，驱动车载机器人的交互设计和开发，可以让交互更贴近真实场景的需求，实现按照用户的意图和需求定义交互。

5.1.3　主动交互

主动交互是指智能体在与用户进行实时互动时，根据用户的心理、行为状态及所处情景进行识别和分析，并主动提供相应服务或信息。这种交互方式需要基于人工智能模型，具有情景感知、意识感知和情绪感知的能力，实现双向的智能情感化交互，建立用户与智能体之间的信赖关系。

主动交互的实现需要依赖多种技术，如人脸识别、语音识别、自然语言处理、机器学习等。通过对用户的身份、情绪、语音等进行识别和分析，智能体可以主动了解用户的需求和偏好，并根据用户的反馈实时调整服务或信息。这种方式可以大大提升用户的体验和安全性，同时也为智能体提供更加准确的反馈数据，帮助其更好地学习和进化。

目前，主动交互的研究和应用仍处于探索阶段，尚未得到广泛应用。虽然主动交互在理论上具有很大的优势，但在实际应用中，仍面临很多挑战和困难，如数据采集、算法优化、隐私保护等。但随着技术的不断进步和应用场景的不断拓展，主动交互的前景仍然非常广阔，可以为用户提供更加智能、便捷、个性化的服务体验。

随着智能驾驶和智能汽车技术的发展，主动交互已经成为汽车场景中的热门应用之一。主动交互技术可以实现车辆与驾驶员之间的自然、智能和情感化交互，为驾驶员提供个性化、贴心的服务，提高驾乘体验。主动交互技术可以通过车载机器人进行多维度信息融合和情感识别，完成车内驾乘个性化习惯的学习、记忆和预判，为驾驶员提供更智能的驾驶体验。在汽车座舱交互场景中，主动交互技术有以下几种典型应用场景。

（1）驾驶辅助：主动交互技术结合驾驶员的意图、情感和行为特征的精准识别，提供更精准的驾驶辅助服务，例如自适应巡航、自动泊车等。

（2）信息服务：通过车载机器人实时获取驾驶员的信息需求，主动提供相关的信息服务，例如路况、天气、新闻等。

（3）娱乐媒体：根据驾驶员的个性化兴趣和偏好，主动交互技术可以提供丰富多彩的娱乐内容，例如音乐、视频等。

随着深度学习、AIGC（AI Generated Content，人工智能生成内容）等人工智能技术与车载机器人的深度融合应用，主动交互技术将实现更精准的情感识别、更智能的场景感知和更自然的语音交互，进一步提升驾驶员的使用体验，未来的汽车驾驶舱将会变得更智能、贴心、便捷。

5.2　场景行为引擎

　　场景行为引擎是一种通过融合车载虚拟机器人软件，实现多模态信息输入、定制化场景构建、智能场景行为识别和控制的技术。其目的是实现整车系统的智能化，并在不同情境下提供个性化的服务和应对策略。场景行为引擎可以根据车辆本身的状态、车辆周边信息、用户的状态识别和操作，以及车辆设备的控制等能力，构建出多种场景，从而为用户提供不同的体验和服务。通过整车软件提供的服务，场景行为引擎可以轻松地获取这些能力，并通过对这些服务的灵活配置，实现不同的场景构建，以满足用户的需求。场景行为引擎的应用在未来将会越来越广泛，并成为整车系统智能化的重要发展趋势之一。虚拟机器人融合车载智能场景如图 5-1 所示。

图 5-1　虚拟机器人融合车载智能场景

1）智能场景引擎的产品特征

　　（1）整车场景化，高度可配置：用户可以通过整车软件提供的服务，轻松地构建多个场景，并对这些服务进行灵活配置，以满足不同场景的需求。

　　（2）实现千车千面，千人千面：通过领先的云端场景能力中台，终端用户可以不断创建和下发新的个性化场景，从而实现场景的个性定制化，增加用户黏性。

（3）高度云端化：只需下发新的场景配置，车端就能自动实时地执行，无须任何升级流程，高效灵活。

（4）用户体验显著增强：通过实现个性化场景定制和增加用户黏性，智能场景引擎有助于提升用户的满意度和忠诚度。

整车场景化如图 5-2 所示。

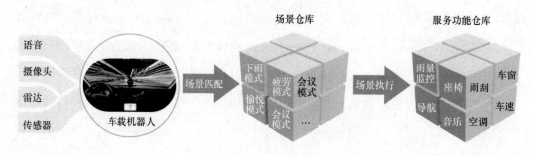

图 5-2　整车场景化

2）智能场景引擎系统组成

智能场景引擎系统主要有四个组成部分：场景引擎能力中台、可视化管理平台、车端场景引擎 SDK、用户端场景引擎 SDK。

（1）场景引擎能力中台：部署在云端的能力中台，负责场景和服务等关联的数据管理和建模，是智能场景引擎系统的大脑。通过该能力中台，可以创建和修改场景模板，然后将其下发到车端或用户端，实现场景的个性化配置和定制化。

（2）可视化管理平台：面向主机厂的可视化管理平台（HTML5），可基于场景引擎能力中台的服务进行实际的场景和服务操作，同时可以基于场景引擎能力中台的数据分析功能，确认各类统计分析结果。

（3）车端场景引擎 SDK：是场景的最终体现者，负责在车端实现场景的调度和执行，是智能场景引擎系统的心脏。车载智能终端通过集成车端场景引擎SDK，实现多模态信息输入和场景执行能力，负责接收和执行来自云端的场景下发信息，并将场景下发指令转换为车辆动作指令，实现车载系统的场景控制。该 SDK 提供了场景引擎的核心功能，包括场景触发、场景状态管理、设备控制和交互规则等。

（4）用户端场景引擎 SDK：通过智能手机等终端设备集成车端场景引擎 SDK，实现用户与车载系统的交互和个性化场景的创建和下发，以及智能化服务的体验，例如智能语音控制等功能。用户可以通过该 SDK 创建、修改和执行个性化场景，也可以接收云端下发的场景模板并执行。

智能场景引擎产品组成示意图如图 5-3 所示。

图 5-3　智能场景引擎产品组成示意图

3）智能场景引擎与车载机器人的结合示例

车载机器人可以融合车内和云端的各种多模态数据输入，并通过信息的处理和整合，自动适配出符合驾驶员意愿的场景，实现智能化的用户体验。

- 案例一：个性化的车载机器人交互，如图 5-4 所示，通过用户语音，或者指定的手势和表情，自动进行相应的场景匹配和执行。

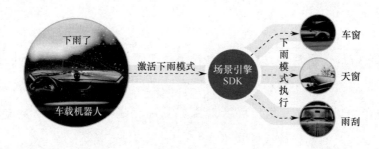

图 5-4　个性化车载机器人交互

- 案例二：场景化的车载机器人交互，如图 5-5 所示，通过车载摄像头的实时捕捉和识别，或用车身自带的雷达和传感器信息，根据指定的触发信号和消息，进行场景模式的匹配。当 DMS 检测到当前驾驶员处于疲劳状态时，导航提示最近的服务休息区，同时将氛围灯变红，并播放能够提神的音乐歌曲合集。

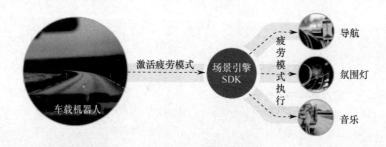

图 5-5　场景化车载机器人交互

- 案例三：情感化的车载机器人交互，如图 5-6 所示，通过语音或者按键触发一种情感化的场景，营造一种强烈情感表现的场景。比如可以定义一种场景为 "520 模式"，利用车内私密空间属性，结合音乐、氛围灯等营造浪漫表白场景。通过车内语音识别功能，说出"我爱你/你准备好了吗"，520 模式激活。此时车窗和天窗全部关闭，车内会播放歌曲，香氛、空调、氛围灯同步开启，给车内营造出温馨浪漫的环境。

图 5-6 情感化车载机器人交互

车载机器人通过与智能场景引擎的深度结合，能够更实时、更便捷地实现整车的场景定制化，赋予车载机器人更强大的拟人感、科技感和生命感。智能场景引擎通过收集车辆状态、周边信息和用户行为等多维度数据，构建定制化场景，并与车载机器人软件相融合，实现多模态信息输入和情感识别，完成车内乘驾个性化习惯的学习、记忆和预判，并在用户参与下不断强化。由此，车载机器人可以更加智能地服务于用户，实现对用户需求的精准识别和响应。

5.3 典型场景行为分类

通过构建丰富的车载机器人场景行为，可以创造出更加生动、情景化的交互体验。车载机器人的场景由人、车、环境三个基本要素组合构成，根据其功能特点和交互对象，可以分为五大类典型场景行为：基本问答、基本控车、人物设定、问候提醒和生态应用。每个场景大类又包含具体的场景细分小类，如图 5-7 所示。

1）基本问答类场景

基本问答类场景是车载机器人的一种典型场景行为，主要包括迎送宾、闲聊问答和车辆使用知识问答等。该场景的特点在于用户与车载机器人之间的交互方式是纯语音的，用户可以通过与车载机器人对话来获取信息或解决问题。为了支持基本问答场景，车载机器人需要具备一个相对统一的问答知识库，应包含常见问题的答案及相应的回复语句，车载机器人可以快速识别用户提出的问题，并从问答知识库中匹配出相应的答案进行回复。

基本问答类场景通常需要覆盖车辆使用、驾驶习惯、天气、路况等方面的问题，以帮助用户更好地了解车辆和出行情况。例如，当用户询问当前天气状况时，车载机器人可以通过与云端天气服务的集成获取实时天气数据，并回复用户当前的天气情况。

此外，基本问答类场景也可以用于提供车辆使用指导，如用户询问如何打开车内空调，车载机器人可以回答相关操作步骤。

图 5-7　场景分类示意图

2）车机控制类场景

车机控制类场景是车载机器人的一项基本技能，它通过语音控制多媒体、车窗、天窗、座椅、空调、通信电话等车内设施，为用户提供便捷的车内控制体验。用户可以通过语音控制发出指令，例如"打开车窗""调高空调温度"等，车载机器人会通过语音识别技术将指令转化为操作信号，并将指令发送到车辆的控制系统，实现对车内设施的控制。车机控制类场景的特点在于通过车载机器人对语音指令的解析和执行，实现对车辆内部各种设施的智能化控制。场景一般通过用户发出语音控车指令开始，以相应的车内设施动作响应反馈结束。

3）人物设定类场景

人物设定类场景是车载机器人中非常重要的一种场景，主要用于实现车载机器人个性化、情感化，增强车载机器人的用户体验。典型代表包括唤醒词、自我介绍、个性设定等。唤醒词是用户唤醒车载机器人的关键词，也是车载机器人进入待命状态的标志。自我介绍场景可以让车载机器人向用户介绍自己的名字、性别、年龄等信息，增加人机交互的趣味性。个性设定场景则是通过让用户选择喜欢的音乐、背景、语音等元素，来调整车载机器人的个性化设置，增加用户的参与感和互动性。通过人物设定类场景，车载机器人可以更好地与用户建立情感联系，提升用户黏性。

4）问候提醒类场景

该场景旨在帮助驾驶员避免疲劳驾驶、及时关注日程安排，以及实时监测车辆状况。在驾驶监控场景中，车载机器人会监测驾驶员的疲劳程度，并及时提醒驾驶员需要休息或停车。在日程提醒场景中，车载机器人会根据日程安排，提前提示用户需要出发的时间，并提醒用户注意行车安全。在车况提醒场景中，车载机器人会监测车辆各项数据，如机油压力、水温等，及时提醒用户对车辆进行保养或修理。

5）生态应用类场景

　　该场景旨在通过车载机器人打通与外部互联网应用软件的接口，扩展提升车载机器人的功能，丰富场景行为能力。在导航场景中，车载机器人可以实现语音导航、路况提醒等功能，帮助用户更便捷地到达目的地。在生活服务场景中，车载机器人可以实现预约餐馆、订购电影票等功能，帮助用户更便捷地处理生活琐事。在娱乐互动场景中，车载机器人可以实现语音点歌、讲笑话等功能，为用户带来愉悦的驾车体验。

CHAPTER 06 机器人验证测试与综合测评

6.1 情感交互测评方法

随着汽车技术的发展，车内人–机器人交互界面（HRI）也在不断地发展。HRI 设计需要经历不断的测试和改进，通常会采用实车测试和评估的方法，然而该测试方法本身具有资源消耗多、安全风险大等问题，因此，在基于驾驶模拟器的 HRI 可用性测试实验环境中测试便成为一个更优的选择。

通过分析汽车 HRI 可用性测试中人与车载机器人之间的相互关系，设计了未来智能驾驶台架，并搭建了一个仿真实验测试环境。该测试环境实现了通用智能汽车驾驶仿真，使汽车 HMI/HRI 设计测试过程明细化，继而验证设计的可行性和有效性。

对于汽车 HRI 设计的研究，搭建中小型驾驶模拟器来进行研究具有很好的可行性。但在一个完整的可用性测试过程中，涉及的不仅仅是模拟器的搭建开发与被测驾驶人员的研究。基于驾驶模拟器的 HRI 可用性测试实验环境的设计与搭建，就是为了更好地考虑 HRI 测试过程中所有相关人员与环境的协调关系。

6.2 物理实验环境搭建

在 HMI 可用性测试中，通常涉及多角色的相互协作，所以在考虑实验环境搭建的过程中，需要对环境进行功能分区。HMI 实验环境功能分区示意图如图 6-1 所示，根据 HRI 实验中不同功能的需求，将环境分为四大区域——接待区、主测试区、辅助驾驶区和操作监控区。

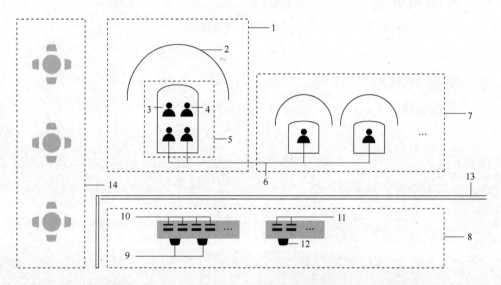

1—主测试区；2—环幕；3—被测试人员；4—实验人员；5—台架；6—辅助驾驶人员；

7—辅助驾驶区；8—操作监控区；9—记录人员；10—观察屏；11—测试工程师操作屏；

12—测试工程师；13—单面透视镜；14—接待区

图 6-1　HMI 实验环境功能分区示意图

在接待区，实验人员在这里进行对被试人员的招募与实验引导，讲解必要的流程与介绍实验相关的器材。

主测试区主要进行测试。在这个区域内不仅要考虑物理的台架设计，还要考虑人与人、人与台架的交互方式。

辅助驾驶区可以加入若干辅助驾驶车辆，模拟真实的道路场景，更进一步地模拟真实的交通环境。

操作监控区有两种角色——记录人员和测试工程师。记录人员能够看到驾驶车辆在地图中的位置信息、观察到车辆周围的环境并记录车辆实时数据。测试工程师则在被试者测试过程中检查软件有没有缺陷，保证实验的顺利进行。

6.3　智能驾驶汽车台架设计

未来驾驶座舱将为驾驶员提供更高效、更便捷的信息操作及多通道的交互方式。针对未来驾驶座舱的理念，实验环境中的中小型科研驾驶模拟器台架可变、可调、可拆装，不仅能保障被试者的安全，还能通过实验方便获得与实车实验相近的实验数据。

台架总体主要由基础支架部分、多屏显示布局、转向操纵机构、电子踏板和转角传感器等组成。基础支架为其他组件提供受力支撑和安装空间。转向操纵机构是驾驶员进行转向操作动作的机构。电子踏板能够发出踏板开度信号。转角传感器能发出转向盘转角信号。

其中的多屏显示布局设计，主要是对车内多屏联动显示布局与车内可交互区域进行拆分。车内屏幕大致可以分为仪表盘、中控屏、信息系统显示屏、HUD、内外后视镜、辅助信息显示屏、后排屏和车窗屏等，如图 6-2 所示。实验台架实景图如图 6-3 所示。

在实际的测试场景中，被试者可以进行多模态交互，而台架可以实现多种交互方式。图 6-4 展示了语音交互、眼控交互和手势交互设备的多模态连接方式，而整体测试环境则如图 6-5 所示。智能驾驶模块在中控屏幕上显示当前车辆的运行状况和道路情况，被试者可以通过该模块监控自动驾驶的运转，并且可以通过屏幕上的触控操作进行控制。此外，转向盘旁的麦克风提供语音交互功能，被试者可以通过语音指令发布控制命令。中控屏幕旁的眼动仪和手势传感器则允许被试者使用眼控交互和手势交互功能。

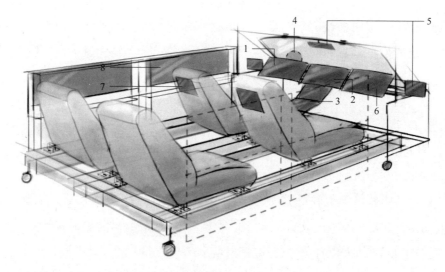

1—仪表盘；2—中控屏；3—信息系统显示屏；4—HUD；5—内外后视镜；6—辅助信息显示屏；

7—后排屏；8—车窗屏

图 6-2　车内屏幕示意图

图 6-3　实验台架实景图

图 6-4　多模态连接方式

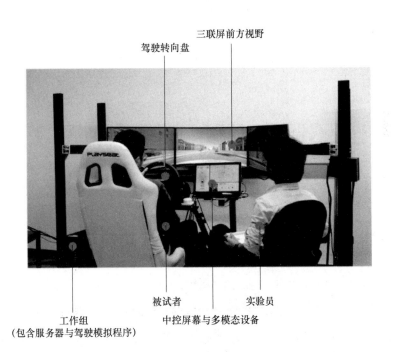

图 6-5　整体测试环境

6.4 测试软件的系统架构

此实验平台软件系统的实现基于 Unity3D 开发引擎,对汽车基础功能进行模拟,设计并实现汽车虚拟驾驶仿真系统,模拟不同交通环境下车辆的驾驶行为,实现具有可交互性和高扩展性的虚拟驾驶行为。虚拟驾驶仿真系统按照实现的功能模块可以划分为测试车模块、环境场景与交通设置两大部分,整体功能框架图如图 6-6 所示。

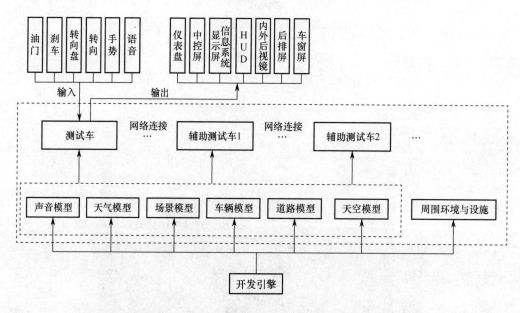

图 6-6 整体功能框架图

测试车模块主要用来展示汽车的基本功能和结构功能。测试车与辅助测试车的输入方式不仅有油门、刹车、转向盘、转向,同时还有智能的交互输入方式——手势交互与语音交互。系统收集到测试车的信息后,可以反馈到智能驾驶座舱里的屏幕中。多辆测试车之间通过局域网连接,驾驶员可以看到其他驾驶员驾驶的车辆。

环境场景与交通设置模块主要为汽车提供驾驶环境，包括声音、天气、场景、车辆、道路、天空等模型，还对建筑物等模型设置碰撞体，同时设置智能车辆在不同场景中的行驶路线、速度和数量，尽量符合真实驾驶环境。

收集的数据信息主要为纵向数据（速度、加速度、位置等）、横向数据（转向盘转角、水平偏移等）和状态信息（高级辅助驾驶系统、道路环境等）。

6.5　DV/PV 测试

汽车电子产品必须要完成 DV/PV 相关实验，如表 6-1 所示，并且达到相关实验的要求才能予以交付。

DV（Design Verification）试验指的是设计验证，根据设计状态，一个产品的功能要符合用户所期望的方式。

PV（Production Validation）实验是指生产确认，根据制造状态，一个产品的功能要符合用户所期望的方式，而且能以所要求的产量进行生产。

DV/PV 实验的内容必须符合国家和行业的标准，并且在相应实验条件下，达到设计标准，取得相应认证，才能交付。以下详细描述 DV/PV 实验的过程与具体的要求。

表 6-1　DV/PV 相关实验

序号	标准号	标准名称	备注
1	GB/T 32960.1	电动汽车远程服务与管理系统技术规范　第 1 部分：总则	
2	GB/T 32960.2	电动汽车远程服务与管理系统技术规范　第 2 部分：车载终端	
3	GB/T 32960.3	电动汽车远程服务与管理系统技术规范　第 3 部分：通信协议及数据格式	

（续表）

序号	标准号	标准名称	备注
4	GB/T 18655	车辆、船和内燃机 无线电骚扰特性用于保护车载接收机的限值和测量方法	
5	QC/T 1067.1	汽车电线束和电气设备用连接器 第1部分：定义、试验方法和一般性能要求	
6	CNCA-00C-001	强制性产品认证证书注销、暂停、撤销实施规则	
7	Q/JQ B1-5	CAD 制图规范	
8	Q/JQ B1-6	3D 设计规范	
9	Q/JQ B1-7	汽车产品零部件永久性标识管理规定	
10	Q/JQ D1-26	塑料、橡胶和热塑性弹性体零件的材料标识	
11	Q/JQ D1-37	汽车产品中禁用物质限值要求	
12	Q/JQ D1-30	整车内饰零件有机物散发及气味要求	
13	Q/JQ D1-31	整车内饰零件及材料散发性要求	
14	Q/JQ C9-001	注塑成型模流分析技术规范	
15	Q/JQ C9-002	注塑模具技术规范	
16	Q/JQ D7-4	CAN 通信规范	
17	Q/JQ D7-9	诊断设计规范	
18	Q/JQ D7-12	整车 EMC 设计规范	
19	Q/JQ D7-13	LIN 通信规范	
20	Q/JQ D7-14	CAN 总线网络管理规范	
21	Q/JQ D7-15	电控单元刷写的技术要求	
22	Q/JQ N11-1	电器部件电磁兼容测试规范	
23	Q/JQ N11-4	汽车电子电器部件环境条件及试验标准	
24	Q/JQ D7-16	OTA 技术规范	
25	Q/JQ D7-17	网络安全技术规范	
26	Q/JQ N7-1	整车异响评价试验规范	
27	Q/JQ N7-2	零部件异响振动台架试验规范	
28	Q/JQ N7-3	整车四立柱异响试验规范	
29	Q/JQ N7-5	子系统异响振动台架试验规范	
30	Q/JQ N7-6	整车异响老化试验规范	

注：表中所列及推荐使用的标准和规范，若有最新发布的标准和规范，以最新发布的标准和规范为准。

6.5.1　汽车配件中的 DV 试验与 PV 实验的区别

汽车配件 DV 试验与 PV 实验的区别主要在于测试时期不同和主要工作不同。

1）测试时期不同

- DV 试验：DV 试验是在设计开发阶段进行测试。

- PV 试验：PV 试验是在正式生产阶段进行测试。

2）主要工作不同

- DV 实验：DV 实验的主要工作是对前期设计的结构、材料、功能、性能等进行综合评估，同时暴露设计过程中的问题点，并进行相应的整改来支持 TG2 数据的制作及后期模具件的开发。

- PV 实验：PV 实验的主要工作是对产品的震动、"三高"的耐久、可靠性及稳定性等进行验证。

6.5.2　DV/PV 测试项目

表 6-2 为本书总结的 DV/PV 测试项目，具体的测试方法和接收标准详见附录 [可登录华信教育资源网站（www.hxedu.com.cn）免费获得]。

表 6-2　DV/PV 相关测试项目

序号	DV/PV 测试项目
1	外观检查、功能及性能检查
2	外形、安装尺寸检查
3	高温放置
4	低温放置

（续表）

序号	DV/PV 测试项目
5	高温工作
6	低温工作
7	温度寿命
8	低温唤醒
9	恒定湿热
10	温度循环
11	湿热循环
12	Z轴短时震动
13	共振点检测
14	温度冲击
15	机械冲击（车身/车架部件）
16	震动耐久试验（随机震动）
17	防水试验
18	化学试剂
19	防尘试验
20	盐雾交变
21	自由跌落
22	直流供电电压
23	长时间过电压试验
24	短时间过电压试验
25	叠加交流
26	电压缓升缓降
27	电压瞬间下降
28	电压骤降复位
29	接地电压偏移
30	反向电压
31	单线开路试验
32	多线开路试验
33	信号电路短路保护试验
34	负载电路短路保护试验
35	过电流性能试验

（续表）

序号	DV/PV 测试项目
36	击穿强度
37	绝缘电阻
38	太阳辐射（信息娱乐显示器总成/组合仪表总成/车载机器人总成）
39	禁用物质
40	插接件
41	工作耐久试验
42	辐射发射
43	电源线传导发射-电压法
44	信号线、控制线传导发射-电流法
45	瞬态传导发射
46	辐射抗扰度
47	大电流注入
48	发射器射频抗扰
49	沿电源线瞬态传导抗扰度
50	沿控制线、信号线瞬态传导抗扰度
51	静电放电

6.6 情感测试

6.6.1 概述

　　拟人化车载机器人作为汽车代理需要与人保持有效且富有情感的沟通，以建立和保持有效的人-机器人绩效和人的良好体验。以往的研究表明，机器人通信的特征会对人机交互结果产生积极的影响，如可用性、信任、工作负荷和绩效。

　　已有相当一部分研究表明，拟人化的车载机器人比传统语音形式或触摸屏幕的交互形式更好，能获得更好的驾驶体验。如 MIT 的 K. J，WILLIAMS J. C，PETERS

等人发表了数篇论文对比四组不同类型（智能手机、动态机器人、静态机器人、人类乘客）的交互形式，结果表明动态机器人对降低用户认知负荷、改善分心、相处更多时间获得积极情感均有显著作用[12, 13]。David R. Large 等人[14]发表的一篇探讨自动驾驶汽车中的乘客与车载对话代理界面交互的研究，进行了参与者与拟人化的代理对话者、语音命令界面及传统的触摸界面的三组实验对比。结果显示，拟人化的代理对话者是最受欢迎的界面，其显著提高了参与者旅途体验的愉悦感和控制感，但同时也包含了"信任挑战"，被试者表示不能很好地预测拟人化的代理对话者的意图，无法保证其在自己的掌握之中。

因此，人-机器人交互的关键在于人与机器人如何进行交流。团队中保持良好的透明度，有利于人类对其智能机器保持适当的理解和合理的判断，继而保持有效协作。同时，机器人因自身形象的拟人化特征，人们赋予它更多具有生命力的表现。机器人是否应该表现拟人化的一面也是值得思考的问题。

1．人机沟通

评价拟人化机器人是否具有良好的绩效表现的一个重要因素就是保持与人类良好的沟通[15]。有研究表明，有效的团队成员沟通与其他相关指标（如相互信任和共享心理模型）可以带来更高水平的绩效。因此，了解影响人机交互有效沟通的因素是非常重要的。作为一个具有拟人属性的机器人，听觉与视觉的双通道交互是必不可少的。随着机器人系统变得越来越复杂，它们的通信能力也不断增长，从而产生了更多的信息交流。本书考察了拟人化机器人在驾驶与非驾驶状态下基于沟通的透明度，以及它们对人-机器人团队绩效和相关认知结构、情感体验的影响。

2．沟通透明度

透明可以被定义为在人类和机器人系统之间建立共享意图和共享意识的一种方

法。人–机器人系统透明度的关键特征是理解机器人的目的，分析机器人的行动，并从机器人端接收有关决策和环境感知分析过程的信息。Chen 等人认为透明度是指智能体（如机器人）与人类有效沟通信息的能力，基于此可以准确理解智能体的当前目标、推理和未来状态。团队中保持良好的沟通透明度，有利于人类对智能机器保持适当的理解和合理的判断，继而保持有效协作。而透明度模型（SAT）中除明晰了个人态势感知，还提出了机器人的三层透明度，即感知接收人或环境的信息（SAT1）、理解人的想法或推理当下的情势（SAT2）、预测人的需求或情势的发展（SAT3）。三层透明度入手分析，选择良好的透明度模式运用在机器人交互设计中，有利于保持人与机器人这个团队的透明度，保证智能系统的可用性、人的安全与积极的情感体验，以及对智能系统的信任度等。

3. 拟人化

当机器人进入人类的生活空间时，人们会自动对机器人的行为进行合理化的解释，汽车空间也不例外。这种拟人化的倾向是机器人[16]发展的强大推动力。将人类的动机、特征或行为归因于无生命的物体，如说话技术（参考上述例子），并在此基础上建立期望，这是拟人化的表现[17]。影响机器人拟人化的因素有很多，如动作、语言交流、情感、手势和智力、社会文化背景、性别、群体成员[18]等。机器人拟人化的研究不仅是为了评估人类在体验机器人的拟人化倾向时的更好的感受，更是为了提高人类对智能汽车的认知能力。人们被启发（在某种程度上）相信这个人工制品具有理性思考（代理）和意识感觉（经验）[19]的能力。这通常是受到人们对人类的这些特征（声音、社会行为等）的体验的启发。事实上，驾驶员对被拟人化（有了人类的名字、性别和声音）的智能驾驶汽车的认知能力的评价，要高于那些拥有相同自动驾驶特征但没有相关拟人化机器人的汽车。[20]本书旨在探讨透明度中语音和视觉的拟人化感知与人–机器人合作团队绩效表现之间的关系。

6.6.2 评测维度与方法

1. 安全性

在人机交互中,尤其是在智能汽车领域中,人机交互界面设计首先考虑的是安全,在满足法律法规的前提下,所有显示信息都应该满足安全驾驶的要求。所以在车内电子设备越来越多、功能越来越丰富的情况下,NHTSA(National Highway Traffic Safety Administration,美国国家公路交通安全管理局)对驾驶员的驾驶安全表示担忧,并发布了非约束性的、自愿性的"Visual-Manual NHTSA Driver Distraction Guidelines for In-Vehicle Electronic Devices"准则(参考了欧洲和日本的相关研究)[21],意图引导设计减少驾驶注意力分散。在此规范中将影响驾驶员注意力的干扰分为三类:视觉干扰、手动分心和认知干扰。视觉干扰:需要驾驶员将视线从道路上移开以获得视觉信息的任务;手动分心:需要驾驶员把手从方向盘上拿开,操作设备的任务;认知干扰:需要驾驶员将注意力从驾驶任务上转移开的任务。随着人们对电子设备的容忍度提高,对上述干扰未必有非常严格的限制,但是车载机器人和人的交流考虑安全性还是非常有必要的。

2. 可用性

"可用性并不是一种存在于任何真实或绝对意义上的品质,也许它可以被概括为适合任何特定人工制品的目的的一般品质。[21]" John Brooke 的观点表明对于一般的人工制品可用性是需要具备的基础品质。尤其是具有具体形象的机器人,如果可用性被怀疑,很有可能人们不再会使用它。机器人反馈的信息就是它想展示出来不同程度的透明度。机器人透明度可能与实用性不一致,也就是说透明度与实用性不一定成正比关系。例如,机器人在驾驶时说话过于啰嗦,可能会导致人很难快速准确地获得机器人的意图,可用性会降低;但是,缺少某些方面的透明度,也会使得机器人意图不明,人会进行很多不必要的猜测。本书考虑了机器人拥有不同的信息透明度是否会提高或降低它们的效用。

3. 工作负荷

工作负荷是一个用以描述人在执行任务过程中的心理压力或信息处理能力的多维概念，例如可能会涉及精神压力、时间压力、任务难度、操作者能力、努力程度等因素[22]。工作量是 HRI 的一个重要结构，因为它可以极大地影响人-机器人团队的绩效。而工作负荷又受各种因素的影响，如任务结构、绩效要求、人机界面和人的个人因素，如经验。透明度被认为具有减少或增加工作量的潜力[21]。一方面，更高层次的透明度可以为人类决策提供有用的信息，因此而减少工作量或保持工作量不变。例如，机器人可以告知人道路的异常情况原因，避免人类陷入不明的猜测中，从而减少人类需要进行的认知计算量。另外一方面，额外的透明度所提供的额外信息可能需要额外的认知资源来处理。例如，过长的决策描述，过于复杂的视觉动画切换都有可能会导致人类因需要处理越来越多的信息，从而增加了脑力负荷。透明度对工作负荷的影响可能因不同的特征而有差异，如语音通道的文本，视觉通道的表情动画。总体来说，工作量是设计透明通信时需要考虑的一个重要的认知结构，因为它可以帮助验证透明设计使人类处在什么样的工作量范围之内。

4. 信任度

在人机交互领域，信任被认为是人-机器人合作团队成功的重要因素[23]。John D. Lee 等人关于信任的开创性论文确定了人与自动化合作的两个基本组成部分：信任（Trust）和透明度（Transparency）[24]。信任是一种心理现象，是人对于结果的期待或者对未来事件发生所持有的主观概率[25]。信任也可以被视为一种态度，它来自对于系统提供信息的印象和过往的使用经验。根据信息、印象和使用经验，用户将形成不同程度的信任，从而产生不同程度的系统依赖（Dependence）。Muir[26]提出了基于车辆自动化信任度的模型，其中包含了三个信任维度：可预测性、可依靠性和忠诚度。有研究表明，与使用合成语音交流的系统交互相比，人类在与使用人类语音交流的系统交互时表现出更高的信任。因此，在人-机器人交流团队中，信任问题也需要得到充分的考虑。

在智能驾驶中，自适应的自动化可以代替操作人的感知能力并协助或代替决策和行动过程[27]。一方面，如果没有信任，即使系统的自动驾驶性能很好，人们也可能不愿意使用而导致其被废弃；另一方面，过多的信任也会导致误用，即以非预期的方式使用系统。这些影响所造成的信任不足（Under Trust）或者过度信任（Over Trust）都会导致事故的发生[28]。因此，校准信任（Calibrated Trust）可以使人保持"适当"的信任水平，确保在团队成员之间最佳地分配功能，这是人机团队之间进行协作的必要条件。因此，建立适当信任的一个关键因素是透明度，这间接体现了机器人的智能性。

5. 情感

由于人的行为和思维过程与情感[29]密切相关，忽视系统用户的情感状态会对任务绩效和对系统[30]的信任产生负面影响，这同样适用于驾驶环境。情感包含不同的构念——情感、感觉或心情[31]，本书以情感作为评价维度与指标。有研究表明情感会影响注意力、感知和决策，进而影响驾驶行为[32]。Jeon、Walker 和 Yim[33]研究认为，与正常和恐惧的司机相比，愤怒的司机和快乐的司机的驾驶性能下降。负效应情绪（如悲伤或沮丧）也已被证明会降低驾驶能力[34]。并且，情感会直接关系到驾驶体验，尤其人在驾驶（静止）状态与机器人的交流中，情感更值得关注。

6. 当前研究

当前的研究考察了人与车载机器人一起工作时，通过听觉与视觉双通道传递的透明度和拟人化特征对人类 HRI 结果（安全、可用性、工作负荷、信任和情感）的影响。车载机器人通信透明度将影响安全、可用性、工作负荷、信任和情感，最终导致性能的提高。本书研究了驾驶状态下两种任务两个透明度水平（是否需要拟人的视觉信息和听觉信息）的不同，由车载机器人通过语音和视觉发送给人类。

选择第 1 级听觉通道信息来表现车载机器人的拟人化特征是因为在生活中人在感知到周围环境时通常会发出一些拟声词[35]，本书期待加入这个因素会使得人与车载机器人的合作具有更好的体验与表现。而作为一个智能的车载机器人一般都需要具备第 2 级的理解和第 3 级的预测[36]，但是否需要全部的听觉信息与视觉信息是需要考虑的。考虑到研究的规模，本书对比了有表情的机器人和无表情的车载机器人。我们期待有表情和表情变化的车载机器人会获得更好的驾驶体验和表现。

6.6.3　实验方法

1．被试者

被试者共 30 人，男性 25 名，女性 5 名，均通过问卷调查招募进来，其中包含了被试者的人口统计资料。他们的年龄在 22～40 岁，年龄均值 M =28.2，标准差 SD=5.83。他们中的大多数接受过大学或以上教育（25 人，占比 83.3%），其次是大专学历（4 人，占比 13.3%）、高中或以下学历（1 人，占比 3.3%）。他们的驾驶频率均在每周 2～3 次以上，大多数（21 人，占比 70%）都使用过电动汽车，绝大部分（24 人，占比 80%）对车载机器人有一定程度的了解。在收集数据前，每位被试者均知情同意。

2．实验设计

当前的研究考察了人在与车载机器人交互时，车载机器人通过听觉与视觉双通道传递的透明度对人与车载机器人的交互结果（安全、可用性、工作负荷、信任和情感）产生的影响。总体而言，透明度模型的第 1 层（SAT1）的听觉通道信息使用了一些拟声词，这是因为生活中当人在感知到周围环境时通常会发出一些拟声词，因此加入拟声词因素会使得人与机器人的合作具有更好的体验与表现。而作为一个智能的车载机器人一般需要具备第 2 层（SAT2）的理解和第 3 层（SAT3）的预测。

任务一为驾驶状态下的车载机器人提醒驾驶员有电话接入并询问是否需要接入。任务开始前，向被试者介绍了他/她有一个朋友名叫"小王"。当驾驶员以 30km/h 的速度平稳地行驶在直道上时，操作员控制电话铃声响起，此时车载机器人说"叮铃叮铃叮铃，小王给您打电话了，是否接听？"当车载机器人理解到电话人姓名后，说到"小王给您打电话了"时，从微笑的前序表情转变为"开心"；当车载机器人预判到驾驶员可能需要接听说"是否接听"时，作出电话在耳边摇晃的样子。任务分为组1和组2，各15人，两组的对比为是否有SAT1层级拟人化的"叮铃叮铃叮铃"文本信息。组1和组2的受试者完成该任务后填写可用性、工作负荷、信任度和情感的量表。

任务二为驾驶员与车载机器人闲聊。当驾驶员向车载机器人发出讲笑话的要求时，当车载机器人在SAT1层级时，作出正在聆听的表情，随后，理解驾驶员的命令回复"好的"（SAT2），并预测驾驶员的笑话内容（SAT3），开始语音播报，同时，作出"happyfor"表情。组1和组2的对比是，组1没有视觉通道的面部表情，仅有一个外形可以语音交互的车载机器人。任务二的组1和组2也各15人，完成该任务后填写可用性、工作负荷、信任度和情感的量表。本书从视觉和听觉通道增加或减少车载机器人的反馈信息，考虑了人与车载机器人交互时的不同信息的透明度。实验为组间实验，每个被试者执行每个任务中的一个实验组，每个任务的实验组测试数量经过了平衡。

图6-7所示为两个任务的不同信息透明度和拟人化设计。

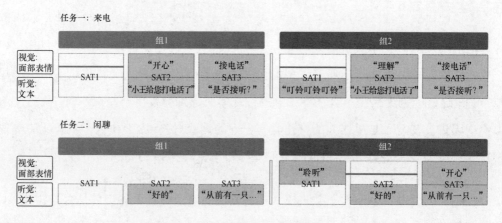

图6-7 两个任务的不同信息透明度和拟人化设计

3. 设备与材料

车载机器人原型是一个有着头部和底座的上下结构机器人，它拥有年轻的女性声音，可以展示动态的视频，名为"小 V"（参见图 6-8）。小 V 可以在两个自由度实现多种行为/运动，跟驾驶员进行互动时面部都会转向主驾位。反馈通过面部表情和声音输出，为驾驶员推荐或描述当前事件。实验环境基于实验室自主研发的汽车仿真模拟器系统，场景采用 Unity 软件开发，模拟真实驾驶环境。在实验中使用的场景为双向两车道长直道，存在大量对向车道来车，无后车超车场景出现。模拟器配套实验设备为监控设备，用于采集模拟器车辆数据和用户扫视行为数据（参见图 6-8）。车载机器人的所有动作都由研究人员的笔记本电脑实时远程控制。

1）自我评定指标

ASQ（After-Scenario Questionnaire）是使用较广泛的基于任务的评估问卷，优点是，该问卷具有难易度、花费时间和帮助信息三项项目的满意度评估，可以用于类似的可用性研究。量表选项按照 1～7 分进行设置，分值越高，代表相应的程度越高。DALI（Driving Activity Load Index）相较于其他量表更适合用于评测驾驶相关的任务，它包含 6 个工作维度：注意努力、视觉需求、听觉需求、时间需求、干扰和情境压力。量表选项按照 1～10 分进行设置，分值越高，代表相应的程度越高。Muir[37]提出了基于车辆自动化信任度的模型，其中包含了三个信任维度：可预测性、可依靠性和忠诚度。本次实验评测信任度即从这三个维度进行。量表选项按照 1～7 分进行设置，分值越高，代表相应的程度越高。为了测量用户（情感）体验，本书构建了自我评估人体模型（SAM）[38]，SAM 是一种非语言的、图像的情感评估技术，它通过构建情感的愉悦度、唤醒度和支配度三个维度来评估用户体验。量表选项按照 1～9 分进行设置，5 分代表中性，1 分和 9 分分别对应正向或负向的最大值。

图 6-8　机器人"小 V"的图像和实验环境

2）性能指标

　　在本次实验中，以模拟器中的驾驶数据作为评测指标（任务一是在静止状态下执行的，没有车辆数据）。任务一和任务二要求被试者以 30km/h 的速度（城市道路一般速度）平稳行驶在直路上。车速标准差代表了驾驶员纵向控制能力，左车道偏移量标准差代表了驾驶员横向控制能力，即考察驾驶员在当前车道的横向和纵向驾驶是否平稳。在任务一和任务二的结果中，没有出现过越道、闯红灯、碰撞等不安全的情况，同时也没有出现未完成任务的情况，在此基础上，以车速标准差和左车道偏移量标准差为主要参考依据，标准差小为安全性更优组。结合其他维度数据综合选择更优实验组。

另外，从模拟器录制的视频提取驾驶员扫视车载机器人的次数与总时长。研究认为单次扫视时间过长（大于 2s）被判定为驾驶员分心，并可能因此引发驾驶安全隐患。在所有任务结果中，各实验组原始数据经统计不存在被试者单次扫视时间超过 2s 的情况。此外，扫视总时间长、次数多的实验组都呈现出了扫视次数与扫视时间同时增加的结果，若总的单次扫视时间未增加，也就并未对驾驶安全造成威胁。所以在结果分析时，将扫视数据作为驾驶员对车载机器人的感兴趣程度的参考指标，这与情感维度相似。因此，分析认为扫视时间长、次数多的实验组，其车载机器人的表现更能引起驾驶员对车载机器人的兴趣。

4．过程

实验全程在驾驶模拟器上进行，每个被试者的实验时间为 40min 左右。在研究开始之前，被试者进行了一段短时间的模拟驾驶，这也让被试者熟悉了模拟驾驶场景。模拟驾驶完成之后，被试者填写基本情况调查表、知情同意书并签署保密协议。最后，经被试者同意全程录制视频后，开始正式实验。被试者在听完任务描述后，开始执行相应的任务要求，完成相应任务所需的量表，然后进行半结构式访谈。以此类推，直至实验全部结束。

6.6.4　结果

1．任务一：来电

1）安全性

经 t-test 检验，实验中组 1 的车速标准差平均值（均值 $M = 0.42$，标准差 SD =

0.11）高于组 2（均值 $M = 0.27$，标准差 SD = 0.28），但不具有显著差异性，因此认为驾驶员的车辆纵向控制水平基本相同。而组 1 的车道偏移标准差平均值（均值 $M =$ 0.18，标准差 SD = 0.24）显著低于组 2（均值 $M = 0.77$，标准差 SD = 0.29）。从车辆安全性的维度可见，拥有显著优势的车辆横向控制水平的组 1 更为安全。

2）可用性

从可用性均值得分情况可以看出，组 2 可用性的平均值（均值 $M = 6.32$，标准差 SD = 0.68）相比实验组 1（均值 $M = 6.70$，标准差 SD = 0.46）更低一些，即具有 SAT1 层级语音信息（叮铃叮铃叮铃）时，被试者对于可用性的评价较低，显著性值 $p=0.049<0.05$。经过检验，花费时间的满意度评分在实验组间具有显著差异 $p=0.01<0.05$，而难易度和帮助信息的满意度并没有显著差异性。在任务一中由于语音冗长而导致任务不流畅引发了被试者对于组 2 的可用性评价降低，以时间为代价增加的信息并没有在任务难易度和帮助信息上提高可用性评价。

3）工作负荷

两实验组间的 DALI 量表的评分如图 6-9 所示。从工作负荷得分情况可以看出，组 2 具有 SAT1 层级语音信息（叮铃叮铃叮铃），其被试者的工作负荷更低，显著性值 $p=0.002<0.01$。从 DALI 细节得分方面看，主要原因是干扰降低，显著性值 $p=0.003$，情景压力降低，显著性值 $p=0.002<0.01$。

4）信任度

组 1 在信任度得分平均值（均值 $M = 6.43$，标准差 SD = 0.67）与组 2（均值 $M =$ 6.48，标准差 SD = 0.51）相似，无显著差异性。从信任度各项得分看，可预测性、可依靠性与忠诚度（希望继续使用）这三个维度均没有产生显著差异。

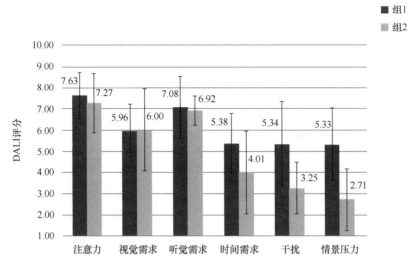

图 6-9　两实验组间的 DALI 量表的评分

5）扫视

在任务一中，组 1（均值 $M = 1.671$，标准差 SD =0.39）的总扫视时间（参见图 6-10）显著低于组 2（均值 $M = 3.893$，标准差 SD =1.15），显著性为 $p < 0.001$。同样，组 1 的总扫视次数同样显著低于组 2，显著性为 $p=0.02<0.05$（参见图 6-11），表明组 1 能使被试者更加专注在驾驶任务上，对驾驶造成的危险可能性更低。

6）情感

两实验组之间的愉悦度（P）、唤醒度（A）和支配度（D）的评分如图 6-12 所示。从 PAD 分值可以看出，组 2 具有 SAT1 层级语音信息（叮铃叮铃叮铃），能够使被试者获得更加正向的情感，被试者的愉悦度（$p=0.001<0.01$）、唤醒度（$p=0.001<0.01$）都更高，支配度无显著差异。

综上，组 2 增加了 SAT1 层级的语音信息（叮铃叮铃叮铃），能够使被试者获得更加正向的情感，降低了被试者的工作负荷。但同时，被试者对组 2 的可用性评价更低，可能是因为"叮铃"的语音没有明确的内容意义，话术令人感到不适或者任务流畅度不够。综合车辆驾驶数据和扫视数据，从车辆安全性的维度认为，实验组 1 的被试者拥有显著优势的车辆横向控制水平和更高的驾驶专注度，具有最好的安全性。

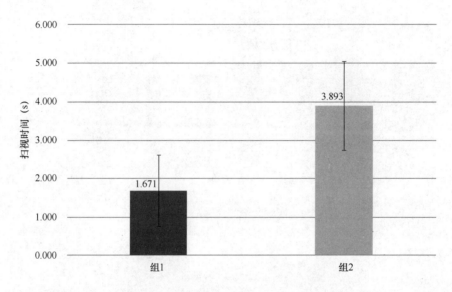

图 6-10　两实验组间的总扫视时间对比

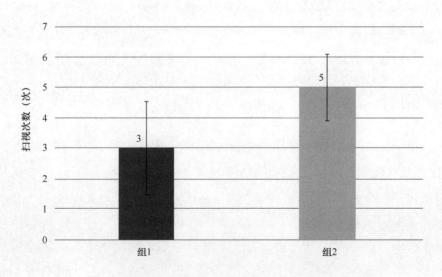

图 6-11　两组间的总扫视次数对比

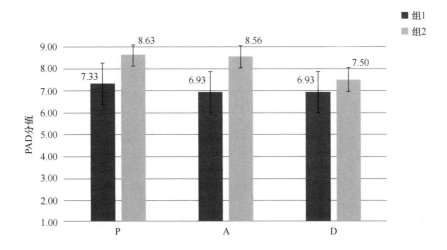

图 6-12　两实验组之间的愉悦度、唤醒度和支配度的评分

2. 任务二：闲聊

1）安全性

在任务二中，同样经 t-test 检验，组 1 的车速标准差平均值（均值 $M = 1.14$，标准差 SD =0.64）与组 2（均值 $M = 0.90$，标准差 SD =0.32）相比没有显著差异。并且，组 1 的左车道偏移标准差平均值（均值 $M = 1.09$，标准差 SD =0.59）与组 2（均值 $M = 1.34$，标准差 SD =0.72）相比没有显著差异，因此认为驾驶员在两组车辆控制方面差异不大。

2）可用性

组 2 的被试者整体评价要高于组 1 的被试者，但未见显著差异。从可用性各取难易度、花费时间和帮助信息三项满意度评分可以看出，难易度具有显著差异显著性为 $p=0.027<0.05$、花费时间与帮助信息没有产生显著差异。因此，组 1 由于使用没有表情和动作的车载机器人，被试者对其可用性的评价中的难易度满意评分较低，即使用没有表情动作的车载机器人会更加困难。

3）工作负荷

组 2 工作负荷整体均值要低于组 1，但无显著差异图 6-13 为两实验组间的 DALI 量表的评分，从工作负荷各项评分看出，组 2 在听觉需求（显著性 *p*=0.005<0.01）和干扰（显著性 *p*<0.001）方面都产生了显著差异，即无表情和语音的机器人会加大驾驶员的听觉需求，对驾驶员造成更强的干扰。

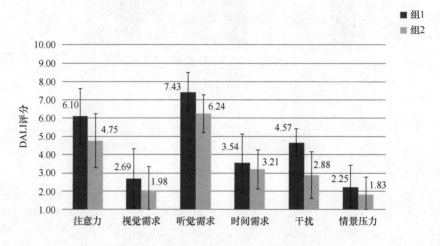

图 6-13　两实验组间的 DALI 量表的评分

4）信任度

两实验组在信任度均值得分上无显著差异。从信任度各项得分上看，可预测性、可依靠性与忠诚度（希望继续使用）这三个维度均没有产生显著差异。

5）扫视

图 6-14 所示为两实验组间的总扫视时间对比，经 t-test 检验，组 1 的总扫视时间平均值（均值 M = 1.695，标准差 SD =1.40）显著低于实验组 2（均值 M = 4.439，标准差 SD =1.83）。同时，两实验组间的总扫视次数对比如图 6-15 所示，组 1 的总扫视次数平均值（均值 M = 1.67，标准差 SD =0.82）显著低于组 2（均值 M = 4.00，标准

差 SD =1.94）。结果表明，组 2 的被试者的扫视时间和扫视次数显著多于组 1 的被
试者，这可能是因为被试者倾向于从有拟人化的视觉表情的机器人处得到眼神上的
交流。

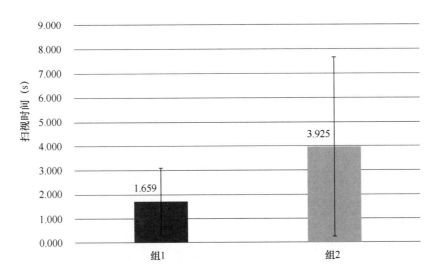

图 6-14　两实验组间的总扫视时间对比

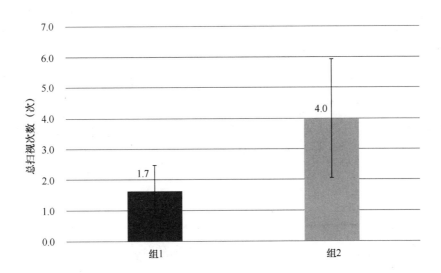

图 6-15　两实验组间的总扫视次数对比

6）情感

两实验组之间的愉悦度、唤醒度和支配度（PAD）的评分如图 6-16 所示，从 PAD 分值可以看出，组 2 采用具有拟人化表情的车载机器人能够使被试者获得更高的愉悦度。两实验组只有在愉悦度（显著性 $p=0.005<0.01$）方面具有显著差异，在唤醒度和支配度两方面未见显著差异。

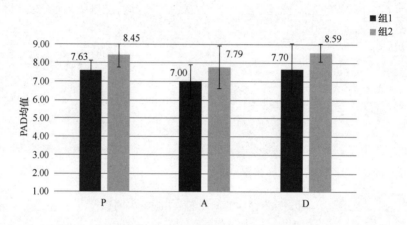

图 6-16　两实验组之间的愉悦度、唤醒度和支配度的评分

综上，组 2 增加了视觉信息，相比于组 1 只要声音信息能够使被试者获得更加正向的情感，就会获得被试者相应适量的关注。由于组 1 全部通过语音交互的方式与被试者交流，导致了被试者听觉负荷显著增加，并且产生了一定的干扰，横向控制车辆的能力也不如有表情的组 2，因此有表情的车载机器人要比无表情（纯语音）的车载机器人用户体验更好。

6.6.5　讨论与总结

这项研究的结果显示了车载机器人采用拟人化声音的听觉和视觉双通道交互设计的透明通信的复杂性。透明通信是一种传达机器人状态的方式，对于提高人类用户的绩效是有益的，但是在不考虑应用的细节（如文本模式）之前，也可能带来繁重的工作负荷。文本模式需要与其他模式（如图形）相结合。在透明度的级别方面，层级 2（SAT2）和层级 3（SAT3）更适合文本模式，因为这些级别的透明度信息具有特定的性质。对于车载机器人被动交互形式，SAT1 层级透明度以图形形式呈现更佳；而对于主动交互形式，则不需要通过 SAT1 层级，直接进入 SAT2 层级。SAT3 层级用图形呈现并非必需，但可以增加情感体验。

车载机器人的拟人化特征在 SAT1 层级上的语音表现不佳，在 SAT3 层级的视觉表现良好。SAT1 层级的拟人化声音信息在驾驶时可能会干扰驾驶员，即使驾驶员愉悦度提高一些，也会提升工作负荷。所以在追求拟人化的情感表现的同时，应该先满足不干扰驾驶的前提。

研究还对比了视觉通道，在驾驶表现上，有视觉表现的车载机器人虽然不会强于无视觉表现的，但在可用性方面会表现更好，原因是更容易使用，同时，还会增加驾驶员正向的情感。其中，增加 SAT3 层级的视觉表情也会增强车载机器人的拟人化特征，获得驾驶员更多的关注和使他/她获得更加愉悦的情感。因此，本次研究中声音的拟人化并没有得到证实，而表情的拟人化有着良好的表现。

车载机器人的信息表达并不是一个固定模式的信息透明度，在不同类型的场景中有不同的应用，应分情况讨论。在未来的车载机器人系统中，必须考虑设计的权衡。

总之，当前的研究将一种新兴的透明模型和一种简单的拟人化的方法应用于智能车载机器人的通信方式。结果表明，更高层级的透明度（SAT3 层级语音和视觉）可以提高人–机器人团队绩效，低层级的透明度（SAT1 层级语音）可以不必表现出来，除非车载机器人在倾听人说话时的感知信息（SAT1 层级视觉）以及车载机器人理解（SAT2 层级语音）是双方沟通的基础条件。研究还表明，车载机器人拟人化的语音表达未见明显的提高作用，即使在用户情感提升方面，因此还需要更加深入的研究，不限于语音交互的层面。

CHAPTER 07 未来发展趋势展望

对于车载机器人来讲，高度拟人化（Anthropomorphism）和主动交互无疑将成为其主要亮点。实体车载机器人比虚拟车载机器人有着无可比拟的拟人化效果。人机交互的心理学研究表明[39-41]，较丰富的交互形体相较于单纯文本、虚拟现实的互动更能积极地影响信息的可信度。当拟人化个体表现出人类化特征时，可以激发"和另外一个人在一起的感觉"[42]。主动交互则是机器人的自主性（Autonomous）的一种重要表现，一定程度的自主性对于机器人来讲，更具有灵性，也更拟人化。严格意义来讲，采用遥控器方式来控制行为与运动的"机器人"，只能算是设备或者工具，不是机器人。机器人应有一定的自主行为能力，即主动交互。由于车载机器人依附于车，因此其行为就包括车载机器人的姿态、表情、声音、车身娱乐设备信号的控制等。进而，可以按照车载机器人的行为特点来设计其主动交互，例如，可就车身信号反映的一些情况作出预警提示，或者按照驾驶员或者乘客的一些行为习惯进行学习，然后给出偏好行为的提示。

通过走访国内外近 40 家主机厂和智能网联系统供应商，本书总结了车载机器人发展的几方面趋势。

- 趋势 1：车载机器人将成为智能驾驶座舱的重要组成部分，未来将更加拟人化，覆盖更多的功能，使智能驾驶座舱具有更加出色的用户体验，更好的用户服务。车载机器人最终是要让其为人所用，提供优质的用户体验。

- 趋势 2：车载机器人目前侧重与驾驶员的交互，未来车载机器人交互将更广泛地面向全部乘驾人员，开发更多的娱乐交互及创新功能，接入 ChatGPT 等聊天引擎，驾驶员可以享受车载机器人带来的交互体验。

- 趋势 3：车载机器人是可以转动的，且会被部署在中枢位置，未来将会有更多传感器、镜头等智能硬件集成到车载机器人上，使车载机器人具备更多的环境感知能力、任务执行能力、远程控制能力等。

- 趋势 4：自动驾驶全面推广后，车载机器人将逐步成为人车交互的核心，不断提升自动驾驶车辆的任务执行力。通过车载机器人，人们可以更加方便地下达任务命令，车载机器人可以主动发现不同乘驾人员的需求，实现精准化服务找人。

- 趋势 5：车载机器人将实现高度拟人化，具备主动交互能力以及较强多模态情感识别和表达能力，成为智能驾驶座舱内个性化、情感化的助手和情感伴侣。

参 考 文 献

[1] Foen N. Exploring the human-car bond through an Affective Intelligent Driving Agent (AIDA). Department of Electrical Engineering and Computer Science, Massachusetts Institute of Technology. 2012.

[2] Hirsch J, Ratti C, Breazeal C. MIT researchers develop Affective Intelligent Driving Agent (AIDA). 2009.

[3] Mori M. The uncanny valley. Energy. 1970:33-5.

[4] Mehrabian A. Communication without words [M]//Communication theory. Routledge, 2017: 193-200.

[5] Disalvo C F, Gemperle F, Forlizzi J, et al. All robots are not created equal: The design and perception of humanoid robot heads[C]//Proceedings of the 4th conference on Designing interactive systems: processes, practices, methods, and techniques.DBLP, 2002.

[6] Mccloud S, Martin M. Understanding comics: The invisible art[M]. Northampton, MA: Kitchen sink press, 1993.

[7] Shuntao W. Research and application of micro-expressions in 3D animation character performance. SUPERFINE. 2019(12):1.

[8] 赵屹星垚. Emoji 表情符号中的受众心理研究[J]. 设计艺术研究, 2016, 6(1):46-49.

[9] House D, Beskow J, Granström B. Timing and interaction of visual cues for prominence in audiovisual speech perception. Proc 7th European Conference on Speech Communication and Technology (Eurospeech 2001). 2001:387-90.

[10] P E. About brows: emotional and conversational signals Cambridge University Press. 1979.

[11] Chen C L P, Liu Z. Broad Learning System: An Effective and Efficient Incremental Learning System without the Need for Deep Architecture. IEEE Transactions on Neural Networks and Learning Systems. 2017;29(1):10-24.

[12] Williams K, Flores J A, Peters J. Affective Robot Influence on Driver Adherence to Safety, Cognitive Load Reduction and Sociability. Proceedings of the 6th International Conference on Automotive User Interfaces and Interactive Vehicular Applications. Seattle, WA, USA: Association for Computing Machinery; 2014. (1-8).

[13] Williams K J, Peters J C, Breazeal C L. Towards leveraging the driver's mobile device for an intelligent, sociable in-car robotic assistant. 2013 IEEE Intelligent Vehicles Symposium (Ⅳ). 2013: 23-26.

[14] Large D R, Harrington K, Burnett G, et al. To Please in a Pod: Employing an Anthropomorphic Agent- Interlocutor to Enhance Trust and User Experience in an Autonomous, Self-Driving Vehicle. Proceedings of the 11th International Conference on Automotive User Interfaces and Interactive Vehicular Applications; Utrecht, Netherlands: Association for Computing Machinery, 2019: 49-59.

[15] Chen J Y, Haas E C, Pillalamarri K, et al. Human-robot interface: Issues in operator performance, interface design, and technologies. Army Research LAB Aberdeen Proving Ground MD. 2006.

[16] Duffy B R. Anthropomorphism and the social robot. Robotics and Autonomous Systems. 2003, 42(3):177-90.

[17] Guznov S, Lyons J, Pfahler M, et al. Robot Transparency and Team Orientation Effects on Human-Robot Teaming. International Journal of Human–Computer: Interaction. 2020,36(7): 650-660.

[18] Zlotowski J, Proudfoot D, Bartneck C. More Human Than Human: Does The Uncanny Curve Really Matter? Tokyo, Japan: HRI2013 Workshop on Design of Humanlikeness in HRI: from uncanny valley to minimal design. 2013:7-13.

[19] Gray H M, Gray K, Wegner D M. Dimensions of mind perception. Science. 2007, 315(5812):619.

[20] Waytz A, Heafner J, Epley N. The mind in the machine: Anthropomorphism increases trust in an autonomous vehicle. Journal of Experimental Social Psychology. 2014(52):113-7.

[21] Eduardo, Salas, Dana, et al. Is there a "Big Five" in Teamwork? Small Group Research. 2005, 36(5):555-99.

[22] Wickens C D. Multiple resources and mental workload. Human Factors. 2008, 50(3):449-55.

[23] Chen J Y C, Barnes M J. Human-Agent Teaming for Multirobot Control: A Review of Human Factors Issues. IEEE Transactions on Human-Machine Systems. 2014, 44(1):13-29.

[24] Lee J D, See K A. Trust in automation: Designing for appropriate reliance. Human Factors. 2004, 46(1):50-80.

[25] Rempel J K, Holmes J G, Zanna M, Trust in close relationships. 1985(49): 95-112.

[26] Muir B M. Trust in automation: Part I Theoretical issues in the study of trust and human intervention in automated systems. Ergonomics. 1994,37(11):1905-22.

[27] Parasuraman R, Riley V. Humans and Automation: Use, misuse, disuse, abuse. Human Factors. 1997,39(2):230-253.

[28] Parasuraman R, Hancock P A, Olofinboba O. Alarm effectiveness in driver-centred collision-warning systems. Ergonomics. 1997,40(3):390-9.

[29] Nass C, Jonsson I M, Harris H, et al. Improving automotive safety by pairing driver emotion and car voice emotion. CHI '05 Extended Abstracts on Human Factors in Computing Systems. Portland, OR. USA: Association for Computing Machinery. 2005: 1973-1976.

[30] Peter C, Urban B. Emotion in human-computer interaction[J]. Expanding the frontiers of visual analytics and visualization, 2012: 239-262.

[31] Jeon M. Emotions and affect in human factors and human–computer interaction: Taxonomy, theories, approaches, and methods[J]. Emotions and affect in human factors and human-computer interaction, 2017: 3-26.

[32] Eyben F, Wollmer M, Poitschke T, et al. Emotion on the Road-Necessity, Acceptance, and Feasibility of Affective Computing in the Car. Advances in Human-Computer Interaction. 2010.

[33] Jeon M, Walker B N, Yim J B. Effects of specific emotions on subjective judgment, driving performance, and perceived workload. Transportation Research Part F-Traffic Psychology and Behaviour. 2014(24):197-209.

[34] Dula C S, Geller E S. Risky, aggressive, or emotional driving: Addressing the need for consistent communication in research. Journal of Safety Research. 2003,34(5):559-566.

[35] Ososky S, Schuster D, Phillips E, et al. Building Appropriate Trust in Human-Robot Teams. AAAI Spring Symposium: Trust and Autonomous Systems. 2013.

[36] Selkowitz A R, Lakhmani S G, Larios C N, et al. Agent transparency and the autonomous squad member. SAGE Publications Sage CA: Los Angeles, CA: Proceedings of the Human Factors and Ergonomics Society Annual Meeting. 2016.

[37] Muir B M. Trust in Automation 1 Theoretical issues in the study of trust and human intervention in automated systems. Ergonomics. 1994,37(11):1905-1922.

[38] Bradley M M, Lang P J. Measuring Emotion - the self-assessment mannequin and the semantic differential. Journal of Behavior Therapy and Experimental Psychiatry. 1994, 25(1):49-59.

[39] Nass C, Moon Y. Machines and mindlessness: Social responses to computers[J]. Journal of social issues, 2000, 56(1): 81-103.

[40] Skalski P, Tamborini R. The Role of Social Presence in Interactive Agent-Based Persuasion. Media Psychology. 2007,10(3):385-413.

[41] Guangxin Z W. Anthropomorphism: Psychological Applications in Human-Computer Interaction. Psychological techniques and applications. 2016,4(5):10.

[42] Biocca F, Burgoon J, Harms C, et al. Criteria and scope conditions for a theory and measure of social presence[J]. Presence: Teleoperators and virtual environments, 2001, 10(1): 2001.